U0176110

赤道东印度洋和孟加拉湾区域
海洋水文图集
（2020—2022）

主编：祝丽娟　周　锋　刘增宏

海洋出版社

2024 年·北京

图书在版编目(CIP)数据

赤道东印度洋和孟加拉湾区域海洋水文图集. 2020—2022 / 祝丽娟, 周锋, 刘增宏主编.
-- 北京 : 海洋出版社, 2023.11
ISBN 978-7-5210-1185-2

Ⅰ. ①赤… Ⅱ. ①祝… ②周… ③刘… Ⅲ. ①印度洋－海洋水文－2020-2022－图集
②孟加拉湾－海洋水文－2020-2022－图集 Ⅳ. ①P724-64

中国国家版本馆 CIP 数据核字 (2023) 第 211299 号

责任编辑: 赵　武	总 编 室: (010) 62100034
责任印制: 安　淼	发 行 部: (010) 62100090
排　　版: 海洋计算机图书输出中心　晓阳	网　　址: www.oceanpress.com.cn
出版发行: 海洋出版社	承　　印: 鸿博昊天科技有限公司
	版　　次: 2024 年 5 月第 1 版第 1 次印刷
地　　址: 北京市海淀区大慧寺路 8 号	开　　本: 889mm×1194mm　1/16
100081	印　　张: 12.25
经　　销: 新华书店	字　　数: 350 千字
技术支持: (010) 62100052	定　　价: 158.00 元

本书如有印、装质量问题可与发行部调换

《赤道东印度洋和孟加拉湾区域海洋水文图集（2020—2022）》

编 委 会

主　编：祝丽娟　周　锋　刘增宏

副 主 编：蔺飞龙　卢少磊　曾定勇　周蓓锋　徐鸣泉

　　　　　马　晓　孟启承　丁　涛

编写人员：崔子健　胡俊洋　张　骞　武则州

前　　言

2023 年是"21 世纪海上丝绸之路"倡议提出 10 周年。2013 年 9 月和 10 月,中国国家主席习近平在出访中亚和东南亚国家期间,先后提出共建"丝绸之路经济带"和"21 世纪海上丝绸之路"(以下简称"一带一路")的重大倡议。共建"一带一路"是一项重大国际合作倡议,聚焦重点领域和重点项目,持续推进全球变化科学研究,为推动构建人类命运共同体提供了有力支持和强劲动力。在自然资源部"全球变化与海气相互作用二期"专项支持下,我们与"一带一路"合作伙伴斯里兰卡、缅甸、泰国等国家进行广泛合作,共同发起了"赤道东印度洋和孟加拉湾海洋与生态研究计划"(Joint Advanced Marine and Ecological Studies in the Bay of Bengal and the Eastern Equatorial Indian Ocean,简称 JAMES)。在"赤道东印度洋水体综合调查与实验冬季航次"和"印度洋及印太交汇区关键动力过程评估"任务支持下,开展了 3 个航次的调查研究,其中在赤道东印度洋和孟加拉湾区域新增投放 Argo 数量 15 个,新增剖面数量 1126 条。与 2020—2022 年该区域的国外 Argo 资料量对比,浮标数量增加近 16%,浮标剖面资料的数量增加了 21% 左右。当前,我们布放的上述浮标仍在运行中。为更好地提供共建"一带一路"公共产品,我们精心筹划并编制完成了本图集。本图集在以往历史资料基础上,结合该航次任务获取的 Argo 观测数据(2020—2022),对该区域上层海洋的温度、盐度和密度等基本水文要素特征及其季节变化进行了较系统的分析和研究,旨在更新我国在该区域的基础性图集资料,可对今后该区域的海洋学研究、海洋资源开发利用和海洋经济发展提供直观并有价值的参考。

本图集在自然资源部"全球变化与海气相互作用二期"专项任务(GASI-01-EIND-STwin 和 GASI-04-WLHY-03)、自然资源部第二海洋研究所卫星海洋环境动力学国家重点实验室项目(SOEDZZ2004;SOEDZZ1519)等资助下完成。非常感谢许东峰、宣基亮、李佳、鲍敏、吴玮杰和丁维风等老师对本书的关心和支持,并提出了很多指导和修改意见。因编者水平有限,图集中难免有不足之处,恳请读者批评指正。

编　者

2023 年 6 月

目　　录

赤道东印度洋和孟加拉湾区域海洋水文图集

图集说明

一、引言

印度洋是世界海上贸易通道最为密集的区域之一，印度洋的"石油航线"和"贸易通道"是包括中国在内的许多国家所仰仗的"战略生命线"，也是中国发起的"一带一路"倡议共商、共建、共享的重点地区，其中北印度洋地区更是重中之重（郄笃刚等，2018）。大量的海上航行活动需要海洋环境信息提供保障，历史资料收集和新的调查观测是获取海洋环境要素资料的基本来源。

赤道东印度洋和孟加拉湾分别位于苏门答腊岛和中南半岛的西侧，通过安达曼海和马六甲海峡与中国南海相通。孟加拉湾是位于北印度洋东部的边缘海，面积约为 2.17×10^6 km²。它的西部被印度半岛和斯里兰卡岛所阻隔；北部为孟加拉国和缅甸；东部以安达曼尼科巴海脊为界与安达曼海毗邻，经十度海峡、格雷特海峡等水道相通；南部则以一个巨大的豁口（以下简称湾口）连通着赤道东印度洋。由于东部（西部）海峡的海槛平均水深仅为 200 m（50 m）左右（邱云，2007），最浅处大约只有 5 m，而湾口水深大于 4 000 m，故孟加拉湾与赤道东印度洋之间依靠湾口存在很强的物质和能量交换（宣莉莉等，2015）。

赤道东印度洋和孟加拉湾区域作为太平洋–印度洋暖池的重要组成部分，是亚洲季风爆发和发展的关键海区（吴国雄等，2010）。2022 年秋季平均气温为 1961 年以来历史同期最高，与该年秋季太平洋–印度洋暖池异常偏暖密切相关（洪洁莉等，2023）。孟加拉湾是亚洲夏季风最早建立的海区，其春季海表面温度异常在夏季风爆发和演变过程中有重要作用（李奎平等，2013）。季风变化与我国气候变化，如南海季风异常、华南降水异常和江南地区的汛期异常等密切相关（Ding et al., 2012；马天等，2019；李超等，2023）。受蒸发、降水及径流等影响，孟加拉湾海洋表层有大量净淡水通量输入，造成湾内上层海水盐度偏低，与湾外赤道东印度洋海水的高盐特性形成鲜明对比（Dai and Trenberth, 2002; Sengupta et al., 2006）。海水盐度变化会影响上层海洋密度结构、热力及动力结构的变化（Webster, 1994），这些变异会通过海气相互作用反馈给季风环流，最终影响我国的季风降水（苏纪兰等，2009；李永华等，2022）。

孟加拉湾受南亚季风气候影响，夏季盛行西南季风，始于每年 5 月，终于 10 月初。冬季（12—翌年 2 月）盛行东北季风。孟加拉湾的西南季风要强于东北季风（邱云，2007）。在季风、径流与赤道风场遥强迫的共同作用下，其上层环流表现出明显的季节变化（Schott, et al., 2001; Shenoi, 2010）。该海域上层环流在冬季风时期总体为海盆尺度的气旋式环流，在斯里兰卡岛以南有一支东北季风漂流（northeast monsoon current, NMC）向西流入阿拉伯海；夏季湾内环流则表现出多涡结构，同时斯里兰卡岛以南的季风漂流转为东北向，即西南季风漂流 (southwest monsoon current, SMC)。SMC 到达孟加拉湾南部后，受局地风场和赤道印度洋东岸反射 Rossby 波西传的影响流向逐渐往北转，7—9 月份时在孟加拉湾湾口西部形成很强的北向流侵入湾内。另一方面，印度洋赤道纬向风风向一年变化 4 次，受此影响，其表层海流冬季、夏季为西向流，而春季（4—5 月）、秋季（10—11 月）则有较强的东向急流（Wyrtki 急流），驱动赤道附近水体向东输运（Wyrtki, 1973; Iskandar and Mcphaden, 2011；林小刚等，2014；祝丽娟等，2019）。

由于赤道东印度洋和孟加拉湾区域的可用观测资料甚少，资料匮乏的状况使得人们对该区域上层海洋水温、盐度和海流的变化特征等认识尚有限。该区域作为我国未来大西南能源通道的可选航道，增强对该区域海洋环境和海气相互作用的认识意义重大。上层海洋是海洋热量、动量和能量较为集中的层次，该区域环流的季节变化及其他主要海洋现象都反映在上层海洋的热盐结构中。为更好地提供"一带一路"公共产品，我们在以往历史资料基础上，结合航次任务获取的 Argo 观测数据（2020—2022）精细筹划并完成了本图集，对该海域上层海洋的风场、海浪、海流、海水温度、盐度、密度、声速、混合层和位势涡度等要素特征及其季节变化进行了分析和研究。本图集更新了我国在赤道东印度洋和孟加拉湾区域的基础性图集资料，可对今后该区域的海洋学研究、海洋资源开发利用和海洋经济发展提供直观并有价值的参考。

二、资料来源

本项目研究区域为赤道东印度洋和孟加拉湾区域（70°E 至 105°E，10°S 至 25°N）。

1. 温度和盐度

本图集海水温度和盐度数据来自自然资源部杭州全球海洋 Argo 系统野外科学观测研究站（以下简称 Argo 野外站，http://www.argo.org.cn）提供的全球海洋 Argo 网格数据集（简称 BOA_Argo）。该数据集是在全球其他国家投放的 Argo 以及我国投放的 Argo 基础上融合而成。该数据集的空间分辨率为 1°×1°，空间范围为：180°W 至 180°E，79.5°S 至 79.5°N，垂直方向分为 0—1975 dbar 共 58 层。该数据集每半年更新一次。该数据产品已通过国际 Argo 计划办公室公开发布（https://argo.ucsd.edu/data/argo-data-products/），下载地址为 ftp://data.argo.org.cn/pub/ARGO/BOA_Argo。数据的详细信息可参见技术说明文件（卢少磊等，2021）。该数据集选用的资料来自 Argo 野外站提供的 1997 年 1 月至 2022 年 6 月全球海洋（79.5°S 至 79.5°N，180°W 至 180°E）Argo 温、盐度剖面资料。总共有 1 947 370 条温、盐度剖面，用来制作气候态 1—12 月份的背景场及逐年逐月平均网格资料。数据时间覆盖 2004 年 1 月至 2022 年 6 月（2004 年之前 Argo 覆盖范围有限）。2020 年 1 月至 2022 年 6 月期间，在历史资料基础上，BOA_Argo 数据新增了基于自然资源部"全球变化与海气相互作用二期"专项任务"赤道东印度洋水体综合调查与实验冬季航次"任务投放的 Argo 资料，总计使用的 Argo 数量为 96 个，剖面数量为 5373 条，其中自然资源部第二海洋研究所（以下简称"海洋二所"）投放的 Argo 数量为 15 个，剖面数量 1126 条（表 A1）。按照国际 Argo 计划规定的方法，Argo 野外站对该任务的每条温盐度剖面进行了实时质量控制，并按照规范进行封装后提交至全球 Argo 资料中心，作为我国 Argo 计划的重要组成部分。利用经质量再控制的全球海洋 Argo 数据，基于 Cressman 和 Barnes 逐步订正法（Li et al., 2020），制作了包括研究区域在内的全球海洋 Argo 网格数据集（BOA_Argo）。

"赤道东印度洋水体综合调查与实验冬季航次"任务由海洋二所负责，于 2019 年 12 月至 2022 年 11 月期间开展了 3 个航次，海洋二所技术人员在研究区域先后投放了 15 个 Argo，并持续运行至今。该任务期间，海洋二所联合了斯里兰卡、缅甸、泰国等发起了"赤道东印度洋和孟加拉湾海洋与生态研究计划"（Joint Advanced Marine and Ecological Studies in the Bay of Bengal and the eastern equatorial Indian Ocean，简称 JAMES），在东至安达曼海、西至斯里兰卡、北至孟加拉湾、南至 5°S 的范围（该范围以下简称"航次调查区域"）内，实施物理海洋、海洋气象、海洋化学、海洋生物、海洋光学等综合调查，实施海洋中尺度、缺氧等过程研究、技术流程适用性验证、国产自主仪器装备的试验、多平台装备联合组网观测等新颖的实验性调查，进一步落实"一带一路"共建国家海洋合作调查。在 2020 年 1 月至 2022 年 6 月期间，航次调查区域内存活的 Argo 和剖面数量（包含海洋二所布放的 15 个 Argo）参见表 A1 和图 A1。航次调查区域内总计 Argo 数量为 96 个，剖面数量为 5373 条，其中新增海洋二所投放的 Argo 数量 15 个，新增剖面数量 1126 条。根据 2020—2022 年该区域国内外 Argo 资料量对比，浮标数量增加了近 16%，浮标剖面资料的数量增加了 21% 左右。研究区域的 Argo 剖面分布和基于 Argo 剖面提取的热力情况也可清晰地反映此特征。

表 A1　2020 年 1 月至 2022 年 6 月期间存活 Argo 浮标的数量信息

航次调查区域	所有 Argo	其他国家 Argo	海洋二所投放 Argo	海洋二所 Argo 投放占比
Argo 数量（个）	96	81	15	15.62%
Argo 获取剖面数（条）	5373	4247	1126	20.96%

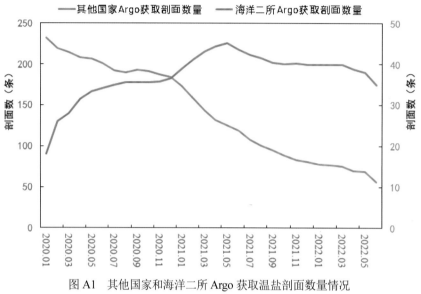

图 A1　其他国家和海洋二所 Argo 获取温盐剖面数量情况

2. 海表风场

本图集海表风场资料采用了 QuikSCAT 卫星散射计数据，来自遥感系统（Remote Sensing Systems，简称 RSS）提供的海表 10 m 月平均网格化风矢量资料，为更新后的 V4 版本数据。数据空间分辨率为 1/4° × 1/4°，时间长度为 1999 年 7 月至 2009 年 11 月。数据下载网址是 https://manati.star.nesdis.noaa.gov/datasets/QuikSCATData.php/。

3. 海表流场

本图集海表流场数据采用了海表流场实时资料（Ocean Surface Current Analyses Real-time，简称 OSCAR），由美国国家海洋大气管理局（National Oceanic and Atmospheric Administration，简称 NOAA）提供。数据是利用卫星高度计资料和 QuikSCAT 风场资料反演得到，空间分辨率为 1/3° × 1/3°。数据时间长度为 1992 年 10 月至 2014 年 10 月。数据下载网址为 https://podaac.jpl.nasa.gov/dataset/OSCAR_L4_OC_third-deg。

4. 有效波高

本图集海浪的有效波高资料采用了欧洲中期天气预报中心（European Centre for Medium-Range Weather Forecasts, 简称 ECMWF）提供的 ERA-40 海浪再分析资料，是全球第 1 份耦合海浪和大气环流模式模拟结果并同化观测资料得到的再分析产品。空间分辨率为 3/4° × 3/4°，时间分辨率为 6h。数据时间长度为 1985 年 1 月至 2019 年 8 月。数据可从 ECMWF 网站下载，网址为 http://apps.ecmwf.int/datasets/data/interim-full-daily/levtype=sfc/。

5. 经向和纬向断面选取

本图集选取了 80.5°E、85.5°E 和 90.5°E 共 3 条经向断面和 15.5°N、10.5°N、5.5°N 和 0.5°N 共 4 条纬

向断面（断面位置的三维立体图请参见图A2）。本图集对各断面的海水温度、盐度、密度、声速、混合层和位势涡度等要素特征及其季节变化进行了分析研究。

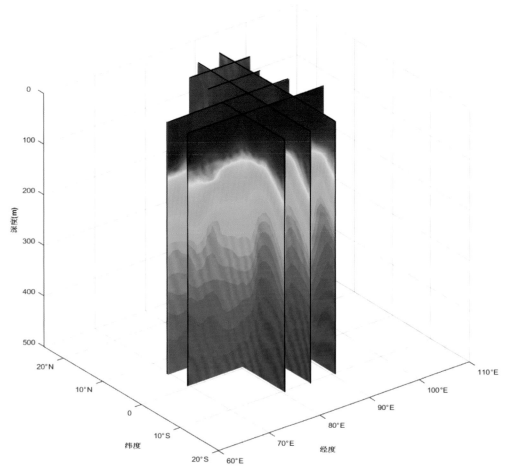

图A2　本图集选取的各经向和纬向断面位置的三维立体图（以断面的海水温度分布示例）

6. 数据集质量控制

（1）极值控制方法。根据各种海洋气象环境要素的物理特性和统计经验，给定各个要素的极大值和极小值，剔除极端异常的数据；

（2）时间一致性方法。大多数海洋水文要素的气候态变化是连续的。在一定的时间间隔内，同一要素的前后变化是在一定范围内，依据此原则剔除前后时刻变化较大的数据；

（3）核查排除较大的密度逆转资料，以及深度逆转现象；

（4）标准偏差检验；

（5）初始的客观分析后检查不真实的数据分布点。

三、计算方法和公式

1. 海水温度和密度称谓

单位体积海水的质量定义为海水的密度，一般用符号 ρ 表示，单位是 $kg \cdot m^{-3}$。因为海水的密度是其盐度、温度和压力的函数，所以通常表示为 $\rho_{s,t,p}$。海水从海洋某一深度（压力为 p）绝热上升到海面（压力为标准大气压 p_a）时所具有的温度称为位势温度（Potential Temperture），一般用符号 Θ 表示；海水此时具有的密度就称为位势密度（Potential Density），用符号 ρ_σ 表示。而该海水未上升之前的温度称为现场温度，记为 θ。考虑到在一般正常的温盐范围内海水密度值的前两位数字都相同，为简便而写成 $\sigma = \rho_\sigma - 1000$。本图集中提到的温度和密度变量分别指位温和位密变量。

2. 温跃层、盐跃层和密度跃层

垂向梯度法：根据《海洋调查规范》（张义钧等，2007）以及《我国专属经济区和大陆架勘测技术规程》规定，跃层定义一般分为深水和浅水两种标准：在深水（水深 >200 m），温度梯度值为 0.05 ℃·m^{-1}，盐度梯度值为 0.01 m^{-1}，密度梯度值为 0.01 kg·m^{-4}；在浅水（水深 <200 m），温度梯度值为 0.2 ℃·m^{-1}，盐度梯度值为 0.1 m^{-1}，密度梯度值为 0.1 kg·m^{-4}。分别对温度和密度资料求垂向梯度，将垂向梯度值大于或等于上述最低指标值的水层定为跃层，其上下端点所在深度作为跃层上界深度和下界深度。本图集选用深水标准。

3. 声速和声速跃层

海水中的声速随水温、盐度和压力的增大而增大，其中温度影响最大，通常声速用以水温、盐度和压力为变量的经验公式表示。根据 Mackenzie 公式，利用水温、盐度和深度计算出声速分布（Mackenzie，1981）：

$$c\,(D,S,T) = 1448.96 + 4.591T - 5.304 \times 10^{-2}T^2 + 2.374 \times 10^{-4}T^3 + 1.340\,(S-35) + 1.630 \times 10^{-2}D$$
$$+ 1.675 \times 10^{-7}D^2 - 1.025 \times 10^{-2}T\,(S-35) - 7.139 \times 10^{-13}TD^3,$$

式中 T，S 和 D 分别表示水温、盐度和海水深度。

在声速跃层的分析中，通常以跃层深度、跃层厚度和跃层强度作为描述跃层的特征量。根据《海洋调查规范》对声跃层的规定，浅海（水深 < 200 m）声速垂直梯度超过 0.5 s^{-1} 的水层为跃层，深海（水深 > 200 m）声速垂直梯度超过 0.2 s^{-1} 的水层为跃层。本图集采用深海跃层的判定标准。

4. 位势涡度

对地球流体来说，位势涡度（Potential Vorticity，简称"位涡"）是研究环流结构的重要物理量（Luyten et al.，1983）。在正压流体条件下，定义为 $\dfrac{\zeta+f}{D}$，其中 ζ 是流体的相对涡度，f 是行星涡度，D 是流体柱深度。由于海洋运动性质，相对涡度远小于行星涡度，位势涡度即为 $\dfrac{f}{D}$。

在分层流体（如密度分层）条件下，每一层位涡的定义公式如下：

$$\eta = \frac{f}{\rho}\frac{\partial \rho}{\partial z}$$

其离散形式为

$$\eta^i = \frac{f}{h^i} \times \frac{\Delta \sigma^i}{1000 + \sigma^i}$$

式中 f 为科氏参数，η^i，h^i，σ^i 分别为位势涡度、第 i 层厚度和第 i 层密度（第 i 层密度取为上下两界面的平均，$i \neq 1$）；η^i 单位：m/s。位势涡度闭合区域的出现是由于闭合地转等值线造成的约束，是闭合地转流型的反映（王东晓等，2002）。

5. 混合层深度

海洋近表层由于太阳辐射、降水、风力强迫等作用，形成（温度、盐度、密度几乎垂向均匀的混合层（Babu et al., 2004；孙振宇等，2007）。混合层在海气相互作用过程中起着重要作用，海洋与大气的能量、动量、物质交换主要通过混合层进行。此外，混合层的观测对于验证和改进大洋环流模式中的混合层参数化方案具有重要价值（Masson et al., 2002；Kara et al., 2003）。

混合层深度有如下定义（Sprintall, Tomczak, 1992；Ohlmann et al., 1996）：定义1（温度判据）：比表层温度低0.5℃的温度所在的深度作为混合层深度，称为ILD（Isothermal Layer Depth）；定义2（密度判据）：由表层盐度和比表层温度低0.5℃的温度值计算出一个密度，这个密度所在的深度处即为混合层底所在处，称为MLD（Mixed Layer Depth）（这里ILD和MLD分别代表了由温度和密度判据计算出来的混合层深度）。本图集选用定义2（密度判据）来计算混合层深度。考虑到很多Argo浮标为防止海面油污和杂质对CTD传感器的影响，在5 m以浅停止采样，且实际海洋中，表层至10 m深度范围的温度和盐度垂向分布比较均匀，将表层温度和盐度取其10 m处的值，可以忽略海洋表层异常热力过程的影响，例如淡水输入、急剧的蒸发等。因此选择表层10 m作为参考层。

6. 障碍层厚度

在物理海洋学上，温度跃层和盐度跃层之间的水层称为障碍层（Barrier Layer，简称BL），一般位于密度跃层之下、温度跃层之上。之所以称其为障碍层，是由于障碍层底部的温度变化对混合层热含量产生的影响几乎为零，也就意味着，障碍层之下海水混合所导致的冷却效应可以忽略不计。Sprintall和Tomczak（1992）将障碍层厚度定义为等温层厚度与上述混合层厚度之差。若ILD大于MLD，则存在障碍层，障碍层厚度（Barrier Layer Thickness, 简称BLT）为（ILD − MLD）；若ILD小于MLD，则存在补偿层（Compensated Layer，简称CL），补偿层厚度（Compensated Layer Thickness, 简称CLT）为（MLD − ILD）。

7. 温度距平

温度距平定义为2020—2022年逐月平均温度与该时间气候态月平均温度的差值。

参考文献

洪洁莉，陈丽娟，王悦颖，等，2023. 2022年秋季我国气候异常特征及成因分析[J]. 气象，49(4): 495-505.

李超，李媛，陈潜，等，2023. 冬季华南降水年际变化的环流特征及对前期海面温度异常响应[J]. 气候与环境研究，28(2): 131-142.

李奎平，王海员，刘延亮，等，2013. 孟加拉湾春季海温增暖对其夏季风爆发的影响[J]. 海洋科学进展，31(4): 438-445.

李永华，周杰，何卷雄，等，2022. 2020年6～7月西南地区东部降水异常偏多的水汽输送特征[J]. 大气科学，46(2): 309-326.

林小刚，齐义泉，程旭华，2014. 3～5月份东印度洋上层水文要素特征分析[J]. 热带海洋学报，33(3): 1-9.

卢少磊，刘增宏，李宏，等，2021. 全球海洋Argo网格资料集（BOA_Argo）用户手册. 23.

马天，齐义泉，程旭华，2019. 赤道东印度洋和孟加拉湾障碍层厚度的季节内和准半年变化[J]. 热带海洋学报，38(5): 18-31.

邱云，2007. 孟加拉湾上层环流及其变异研究 [D]. 厦门：厦门大学，

苏纪兰，吴国雄，周天军，等，2009. 海 - 气相互作用与东亚气候变率研究进展与展望——第 37 次"双清论坛"综述 [J]. 中国科学基金，5: 262-264.

孙振宇，刘琳，于卫东，2007. 基于 Argo 浮标的热带印度洋混合层深度季节变化研究 [J]. 海洋科学进展，25(3): 280-288.

王东晓，杜岩，施平，等，2002. 南海上层物理海洋学气候图集 [M]. 北京：气象出版社.

吴国雄，关月，王同美，等，2010. 春季孟加拉湾涡旋形成及其对亚洲夏季风爆发的激发作用 [J]. 地球科学，40(11): 1459-1467.

郗笃刚，刘建忠，周桥，等，2018. "一带一路"建设在印度洋地区面临的地缘风险分析 [J]. 世界地理研究，27(6): 14-23.

宣莉莉，邱云，许金电，等，2015. 孟加拉湾与赤道东印度洋水交换的季节变化特征 [J]. 热带海洋学报，34(6): 26-34.

张义钧，范文静，骆敬新，等，2007. GB/T 12763.7-2007 海洋调查规范 第 7 部分：海洋调查资料交换 [S]. 北京：中国标准出版社.

祝丽娟，梁楚进，廖光洪，2019. 印度洋海洋水文图集 [M]. 北京：海洋出版社.

Babu K N, Sharma R, Agarwal N, et al., 2004. Study of the mixed layer depth variations within the north Indian Ocean using a 1-D model[J]. Journal of Geophysical Research-Oceans, 109 (C8).

Dai A, Trenberth K E, 2002. Estimates of freshwater discharge from continents: Latitudinal and seasonal variations[J]. Journal of Hydrometeorology, 3(6): 660-687.

Ding X R, Wang D X, Li W B, 2012. An analysis of the characteristics of monsoon onset over the Bay of Bengal and the South China Sea in 2010[J]. Atmospheric and Oceanic Science Letters, 5(4): 334-341.

Iskandar I, Mcphaden M J, 2011. Dynamics of wind-forced intraseasonal zonal current variations in the equatorial Indian Ocean[J]. Journal of Geophysical Research, 116: C06019.

Kara A B, Wallcraft A J, Hurlburt H E, 2003. Climatological SST and MLD predictions from a global layered ocean model with an embedded mixed layer[J]. Journal of Atmospheric and Oceanic Technology, 20(11): 1616-1632.

Li Z Q, Liu Z H, Lu S L, 2020. Global Argo data fast receiving and post-quality-control-system. IOP Conf. Series: Earth and Environmental Science[J], 502: 012012.

Luyten J R, Pedlosky J, Stommel H, 1983. The ventilated thermocline[J]. Journal of Physical Oceanography, 13: 292-309.

Mackenzie K V, 1981. Nine-term equation for the sound speed in the oceans[J]. The Journal of Acoustical Society of America, 70(3): 807-812.

Masson S, Delecluse P, Boulanger J P, et al, 2002. A model study of the seasonal variability and formation mechanisms of the barrier layer in the eastern equatorial Indian Ocean[J]. Journal of Geophysical Research, 107(C12): 8017.

Ohlmann J C, Siegel D A, Gautier C, 1996. Ocean mixed layer radiant heating and solar penetration: A global analysis[J]. Journal of Climate, 9: 2265-2280.

Schott F A, Mccreary J P, 2001. The monsoon circulation of the Indian Ocean[J]. Progress in Oceanography, 51(1): 1–123.

Sengupta D, Bharath Raj G N, Shenoi S S C, 2006. Surface freshwater from Bay of Bengal runoff and Indonesian Throughflow in the tropical Indian Ocean[J]. Geophysical Research Letters, 33: L22609.

Shenoi S S C, 2010. Intra-seasonal variability of the coastal currents around India: a review of the evidences from new observations[J]. Indian Journal of Marine Sciences, 39(4): 489–496.

Sprintall J, Tomczak M, 1992. Evidence of the barrier layer in the surface layer of tropic[J]. Journal of Geophysical Research, 97: 7305-7316.

Webster P J, 1994. The role of hydrological processes in ocean-atmosphere interactions[J]. Reviews of Geophysics, 32(4): 427-476.

Wyrtki K, 1973. An equatorial jet in the Indian Ocean[J]. Science, 181(4096): 262-264.

赤道东印度洋和孟加拉湾区域海洋水文图集

一、赤道东印度洋和孟加拉湾区域概况

（一）海表风场

赤道东印度洋和孟加拉湾区域的海表风场，在赤道南北具有显著不同的分布特点：

在赤道以北，受南亚季风气候影响，夏季盛行西南季风，始于每年 5 月，终于 10 月初。冬季（12 月至翌年 2 月）盛行东北季风。孟加拉湾的西南季风要强于东北季风。东北季风于 10 月在孟加拉湾北部开始出现，于 11 月至翌年 2 月在赤道以北海域盛行，风力较弱，一般为 3 ~ 4 级（风速 3.4 ~ 7.9 m·s⁻¹）。3 月，在孟加拉湾西北部开始出现西南风。到 5 月，孟加拉湾西南风已十分盛行，稍晚，印度半岛西侧海域也为西南风控制。6—9 月，西南季风发展最盛，风力较强，孟加拉湾区域约为 4 ~ 5 级（风速 5.5 ~ 10.7 m·s⁻¹），印度半岛西侧海域为 5 ~ 6 级（风速 8.0 ~ 13.8 m·s⁻¹）。4 月和 10 月是北印度洋上风向稳定度最差的两个月，风力较弱，大部分地区在 3 级以下（风速 < 3.4 m·s⁻¹）。

赤道至 10°S 附近，6—9 月间受东南信风控制，风力一般为 3 ~ 5 级（风速 3.4 ~ 10.7 m·s⁻¹）。12 月至翌年 3 月间，风向多变，但以西风为多，风力微弱，一般为 2 ~ 3 级（风速 1.6 ~ 5.4 m·s⁻¹）。其他月份，随着南印度洋副热带高压的北移南撤，东南信风控制区域亦北进南退（详情请参见图 1）。

（二）海浪有效波高

在赤道东印度洋和孟加拉湾区域，海浪的有效波高与海面风场变化密切相关，有效波高空间分布特征是南部显著大于北部。同时存在季节变化：

春季（3—5 月，下同）：有效波高自南向北递减。有效波高在孟加拉湾不超过 2 m，在苏门答腊岛以西海域约 2 m。

夏季（6—8 月，下同）：有效波高大值区分布范围最广。除了印度半岛西侧海域，有效波高基本上自南向北递减。在航次调查区域，有效波高可达 2.4 m 左右。在印度半岛西侧海域，7 月存在有效波高最大值，约 3.2 m。

秋季（9—11 月，下同）：有效波高变小，印度半岛西侧海域的有效波高大值中心消失。有效波高分布和春季类似。

冬季（12 月至翌年 2 月，下同）：研究区域的有效波高较小，其值在孟加拉湾区域不超过 1.2 m，在苏门答腊岛以西海域约 1.6 m（详情请参见图 2）。

（三）海表流场

赤道东印度洋和孟加拉湾区域的海表流场比较复杂，在季风、径流与赤道风场遥强迫的共同作用下，其上层环流表现出明显的季节变化。

冬季：在冬季风期间，该区域上层环流总体为海盆尺度的气旋式环流。在斯里兰卡岛以南有一支东北季风漂流向西流入印度半岛西侧海域，流经印度半岛东侧和南部时流速较大，最强流速约 0.5 m·s⁻¹。在赤道附近有向东的南赤道逆流，流速在 12 月最强，约 0.8 m·s⁻¹。南赤道逆流一直流至苏门答腊岛，之后部分海水向北分支流入孟加拉湾。

夏季：在斯里兰卡岛以南出现西南季风环流，此时流动与冬季相反，该海域上层环流为海盆尺度的反气旋式环流。海水向东绕斯里兰卡岛、苏门答腊岛西岸南下与南赤道流汇合。流经斯里兰卡岛以东和苏门答腊岛以西海域的流速较强，可达 0.6 m·s^{-1} 左右。南赤道逆流消失。

春季和秋季，在赤道附近存在较强的东向急流（Wyrtki 急流），流速可达 0.6 m·s^{-1} 左右，在夏、冬季消失。在季风转向的过渡期内，海流一般较弱，流向较不规则（详情请参见图 3）。

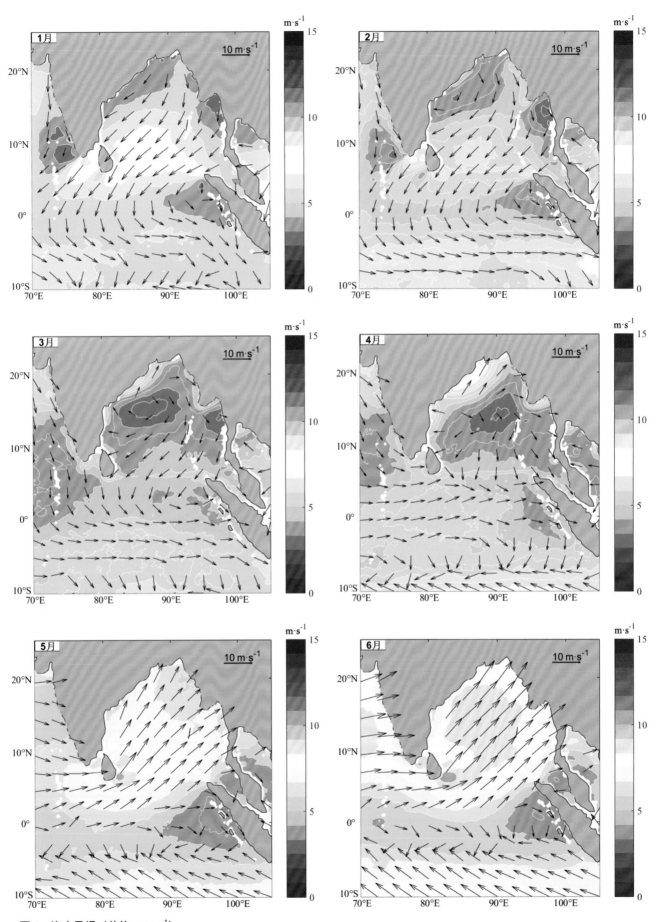

图 1　海表风场（单位：m·s⁻¹）

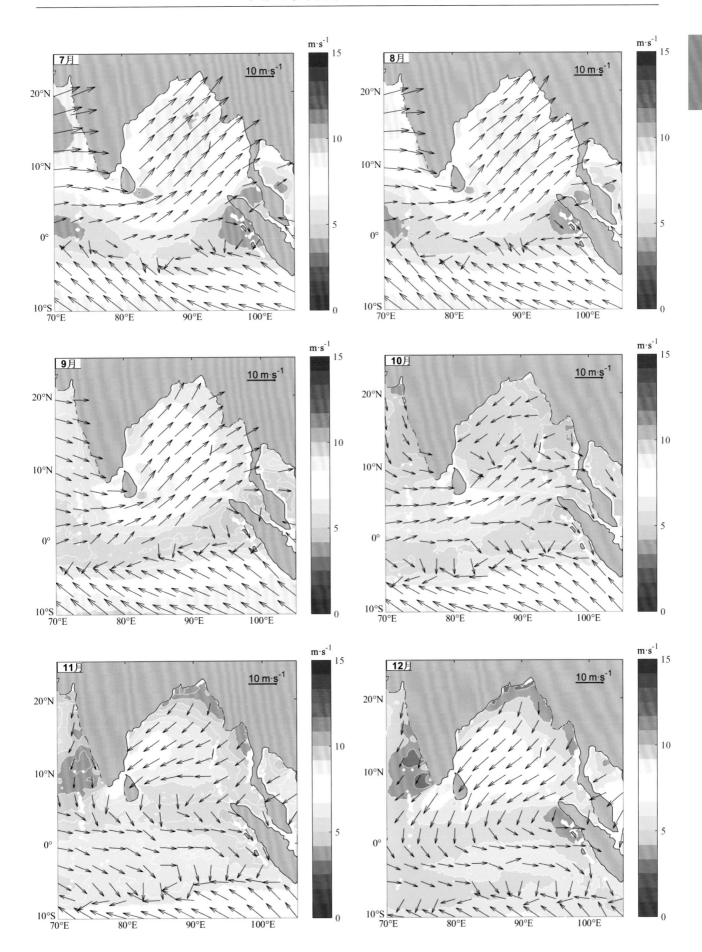

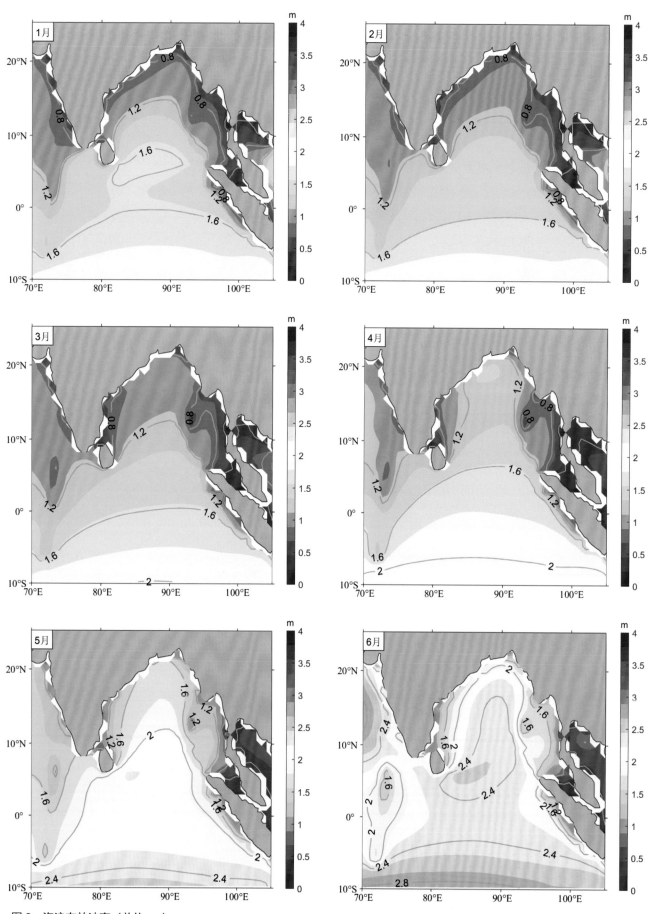

图2　海浪有效波高（单位：m）

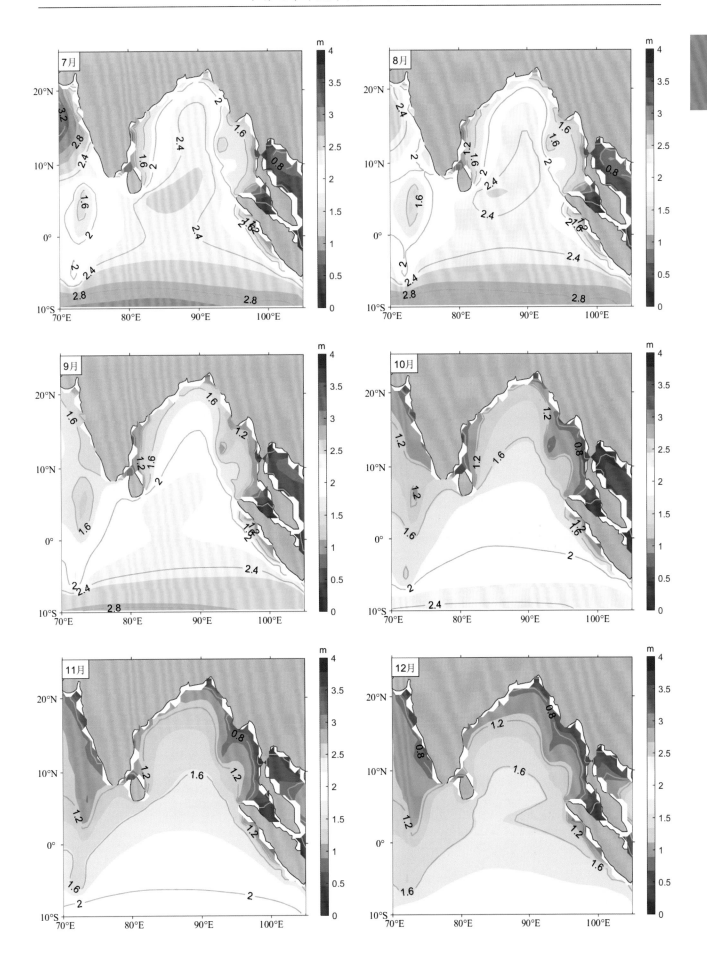

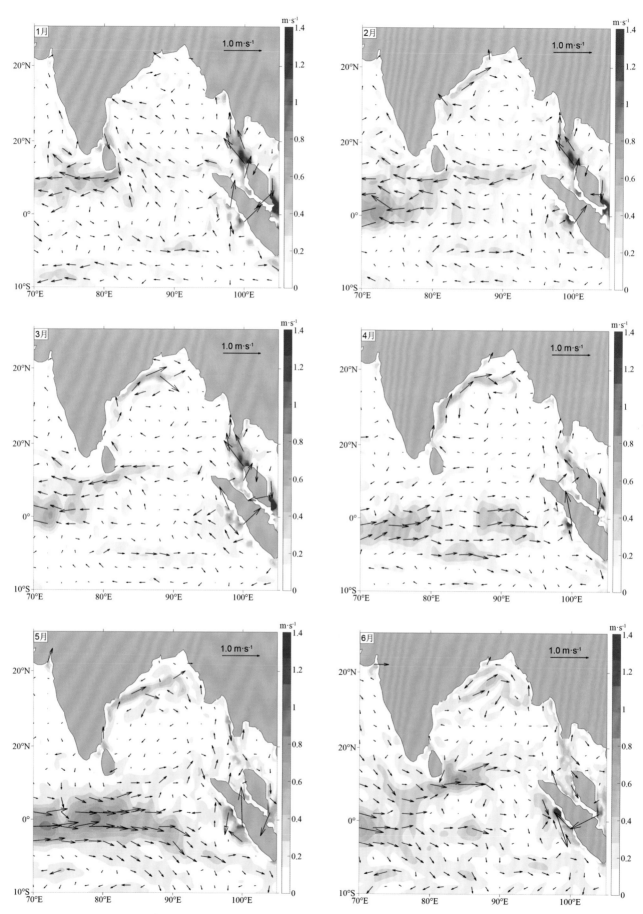

图3　海表流场（单位：m·s⁻¹）

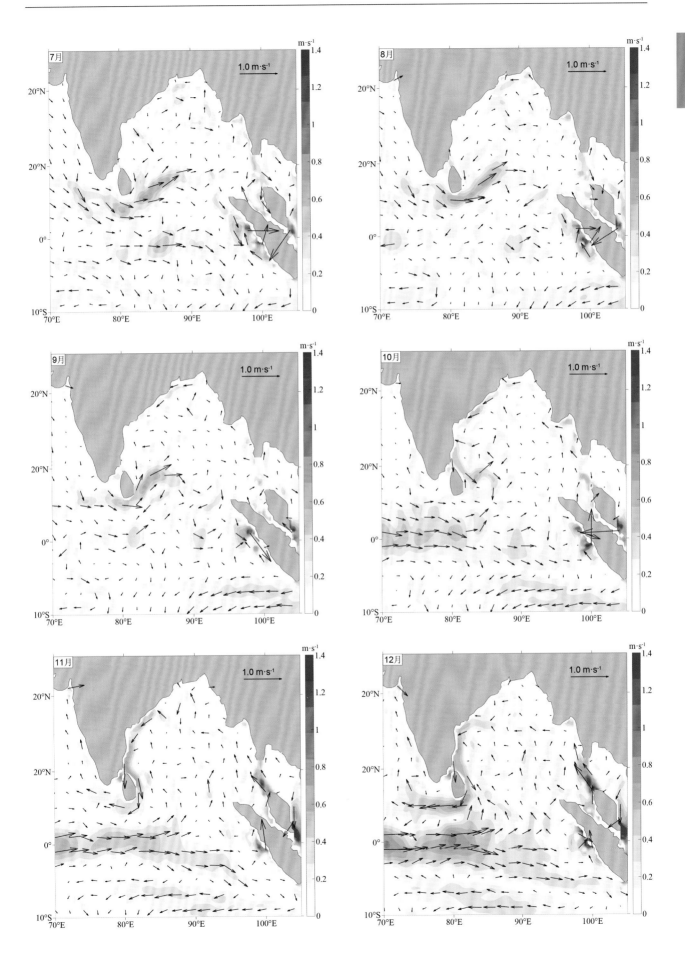

二、赤道东印度洋和孟加拉湾区域水温特征

（一）各层水温平面分布

春季：表层，基本被高温水占据，在航次调查区域水温约 30℃，在印度半岛西侧海域可达 31℃；在 50 m 层，水温高值中心位于印度半岛南侧和苏门答腊岛以西海域，可达 29℃；在 100 m 层，在苏门答腊岛西侧和孟加拉湾北部海域为水温高值区，值大于 24℃，其中在苏门答腊岛以西海域水温最高约 26℃；在 150 m 层，海温分布基本自北向南递减，高温中心位于印度半岛西侧、孟加拉湾和苏门答腊岛以西海域，值约 18℃；在 200 m 层，在苏门答腊岛西侧和孟加拉湾北部为水温高值区，可达 15℃；在 300 m 层，在苏门答腊岛西侧和印度半岛西侧海域为水温高值区，可达 12.5℃；随着深度增加水温急剧下降，到 400 m 层，水温自北向南递减，水温高值中心位于印度半岛西侧和航次调查区域，值约 11℃。

夏季：表层，基本被高温水占据，高温中心位于航次调查区域，值约 29.5℃；在 50 m 层，水温高值中心位于印度半岛南侧和苏门答腊岛以西海域，呈高温水舌向西扩展，值约 28℃；在 100 m 层，苏门答腊岛以西海域水温较高，最高约 26℃。在印度半岛南侧和斯里兰卡岛周边海域为水温低值区，约 20℃；到 150 m 层，苏门答腊岛以西海域的水温高值中心范围缩小，甚至消失。孟加拉湾为水温高值区，值约 18℃；在 200 m 层，在印度半岛南侧和孟加拉湾大部分区域为水温高值区，可达 15℃；在 300 m 层，海温分布基本自北向南递减。在印度半岛西侧和斯里兰卡岛周边海域为水温高值区，约 12℃；在 400 m 层，水温分布与春季类似。

秋季：在表层，水温在 5°S 以北区域基本大于 29℃；在 50 m 层，温度高值中心位于孟加拉湾东部、苏门答腊岛西侧和印度半岛南侧海域，值约 28℃；在 100 m 层，苏门答腊岛以西海域为水温高值区，可达 28℃。在印度半岛周边水温较低约 20℃；在 150 m 层，水温高值中心位于孟加拉湾南部和苏门答腊岛以西海域，值约 18℃；在 200 m 层，斯里兰卡岛周边水温较高，约 15℃。在印度半岛西南侧海域于 10 月存在一个水温高值中心，约 19℃，猜测是海洋动力过程引起的该异常；在 300 m 层，斯里兰卡岛周边水温较高，约 12℃。同样于 10 月在印度半岛西南侧海域存在水温高值中心，约 16℃；在 400 m 层，水温分布季节变化不明显。

冬季：在表层，水温高值中心位于印度半岛西南侧和苏门答腊岛以西海域，值约 30℃；在 50 m 层，水温高值中心位于印度半岛西侧和苏门答腊岛以西海域，值约 28℃；在 100 m 层，印度半岛西侧海域水温较高，约 26℃。在航次调查区域水温分布较均匀，约 24℃；在 150 m 层，水温高值中心位于苏门答腊岛以西海域、孟加拉湾和印度半岛西侧海域，值大于 18℃；在 200 m 层，水温分布基本自北向南递减。在印度半岛西侧和孟加拉湾区域为水温高值区，约 15℃。在赤道以南存在水温低值中心约 13℃；在 300 m 层，水温分布较均匀，在斯里兰卡岛周边为水温高值区，约 12℃；在 400 m 层，水温分布季节变化不明显（详情请参见图 4 至图 10）。

（二）各断面水温垂直分布和水温跃层上界深度

经向断面特征：各断面水温垂直分布的季节变化不明显。水温随深度加深而降低，海表水温基本大于 28℃，到 500 m 深度水温约 10℃。各断面水温跃层上界深度较浅（约 50 m），在赤道附近于夏、秋季

存在水温跃层加深现象，最深约 100 m（详情请参见图 11 至图 13）。

纬向断面特征：各断面水温垂直分布的季节变化不明显。水温随深度加深而降低，海表水温基本大于 28℃，到达 500 m 深度水温约 10℃。在 0.5° N 和 5.5 ° N 断面，在 70°—73° E 范围于 10 月存在一个向海底方向的高温水舌，猜测是海洋动力过程引起的该异常。各断面的水温跃层上界深度一般约 50 m，最深可达 100 m（详情请参见图 14 至图 17）。

（三）水温跃层特性

春季：苏门答腊岛西侧和印度半岛南侧海域存在强跃层区，呈东西向带状分布，季节变化不明显，跃层强度在 |-0.2| ~ |-0.4| ℃·m^{-1} 范围。跃层厚度一般在 100 ~ 150 m 左右，在孟加拉湾区域最大值约 200 m。水温跃层上界深度在航次调查区域最深约 50 m。

夏季：强跃层区分布与春季类似，分布于苏门答腊岛西侧和印度半岛南侧海域，跃层强度最大值为 |-0.4| ℃·m^{-1}。上界深度在孟加拉湾区域约 50 m，在苏门答腊岛以西海域最深 80 m。温跃层厚度沿着赤道纬向带状分布最浅，约 50 ~ 100 m，在孟加拉湾区域约 150 m。

秋季：是夏季的延续，又是夏季向冬季的过渡，其延续性较过渡性更为明显。赤道附近存在强跃层区，东西向带状分布，强度在 |-0.2| ~ |-0.4| ℃·m^{-1} 范围，上界深度在 50 ~ 80 m 左右，厚度约 50 ~ 100 m。在苏门答腊岛以西海域，跃层强度值可达 |-0.4|℃·m^{-1}。

冬季：水温跃层现象与春季类似。赤道附近存在强跃层区，呈纬向带状分布，跃层强度范围约 |-0.2| ~ |-0.4|℃·m^{-1}，上界深度约 50 m。在孟加拉湾海域，跃层厚度较秋季更厚，可达 200 m 左右。在苏门答腊岛以西海域存在强跃层区，最强可达 |-0.4| ℃·m^{-1} 左右（详情请参见图 18）。

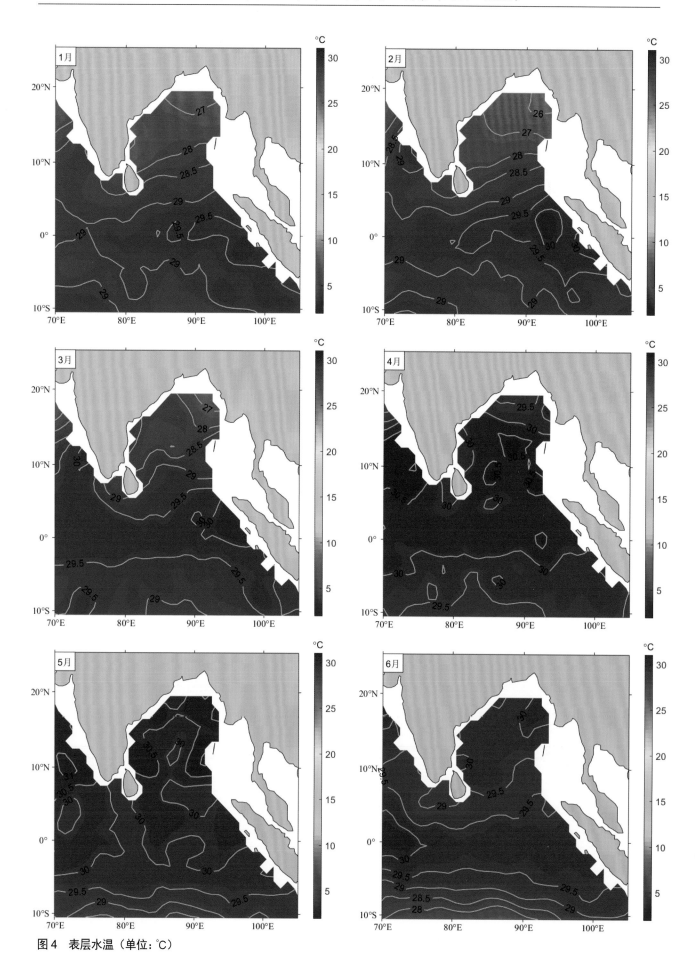

图4　表层水温（单位：℃）

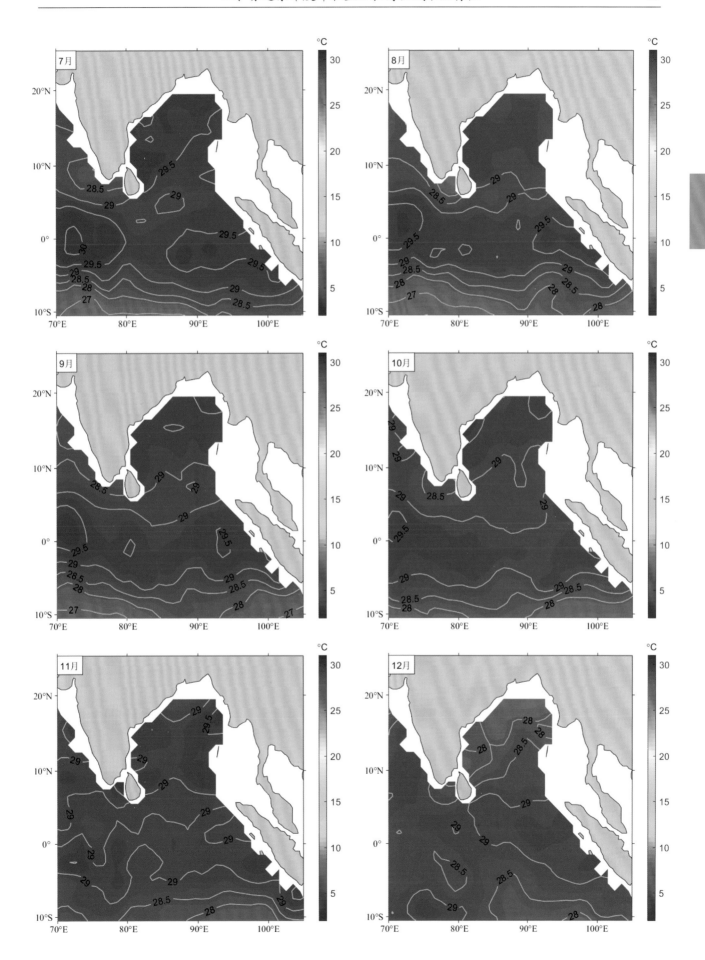

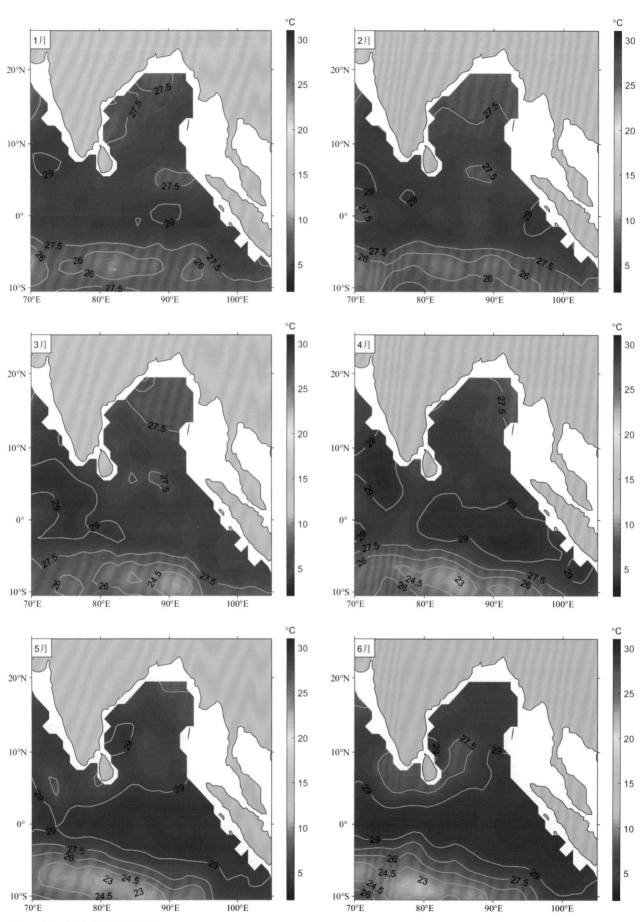

图 5　50 m 层水温（单位：℃）

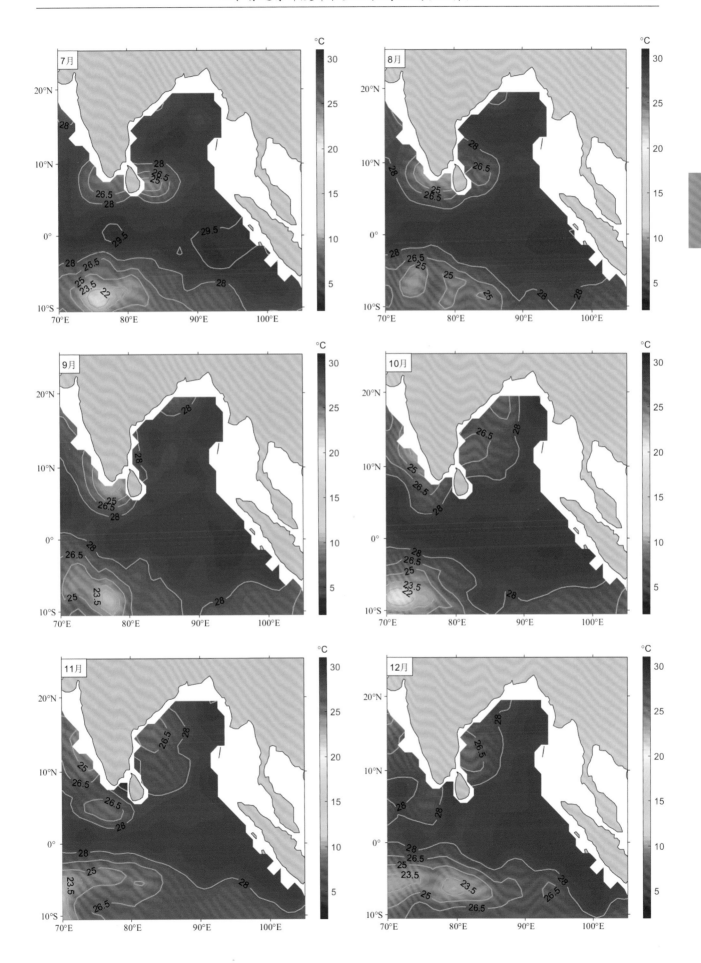

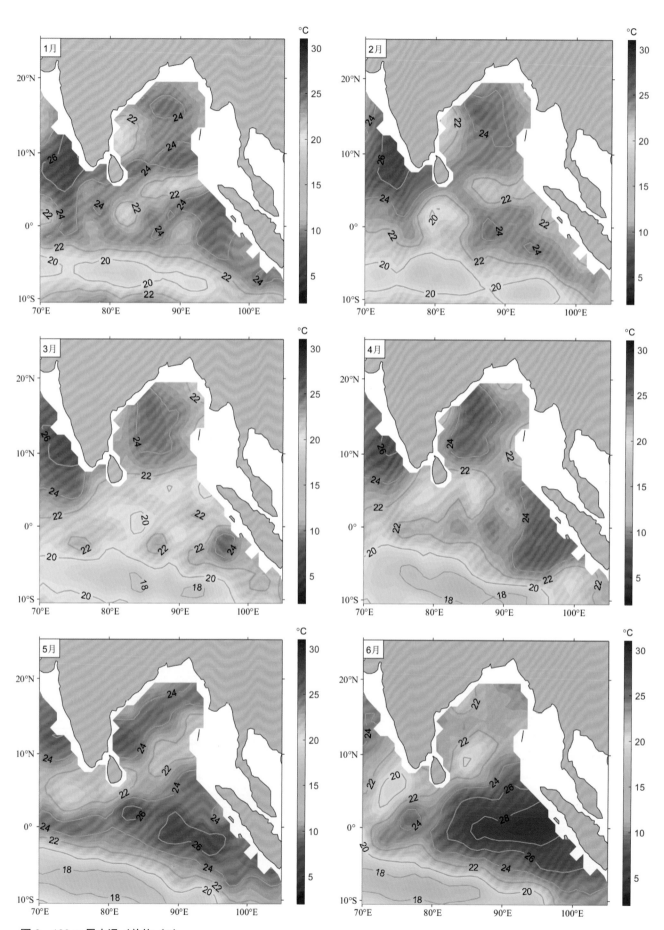

图6　100 m层水温（单位：℃）

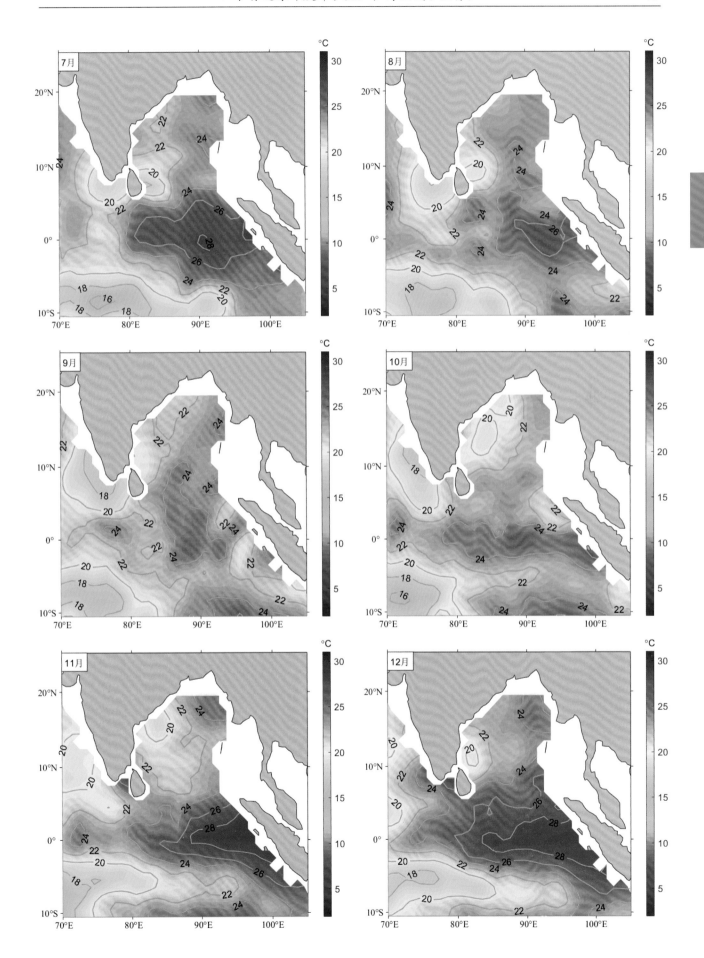

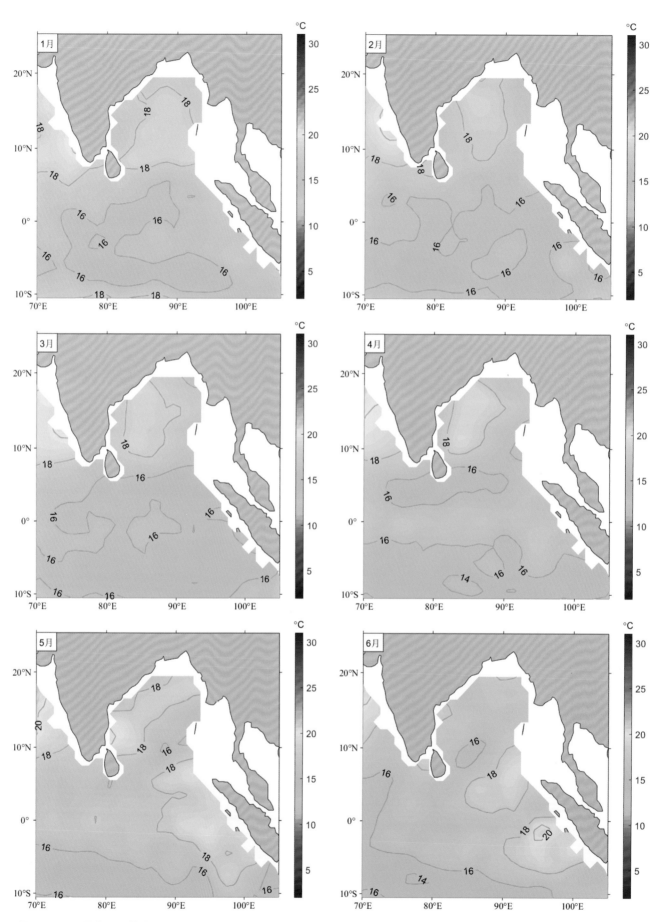

图7　150 m 层水温（单位：℃）

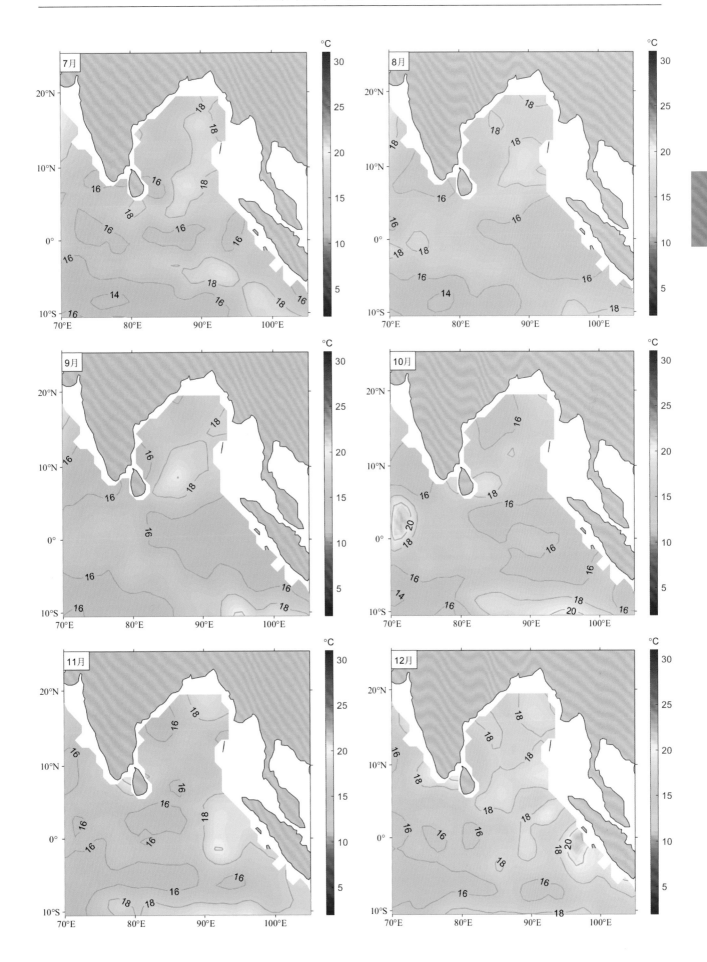

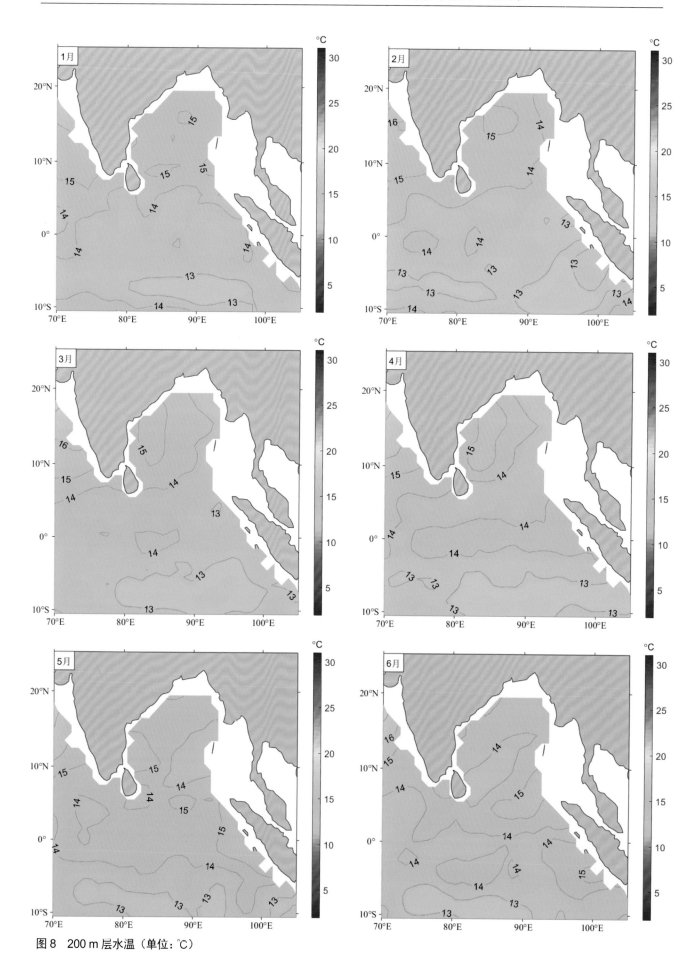

图 8　200 m 层水温（单位：℃）

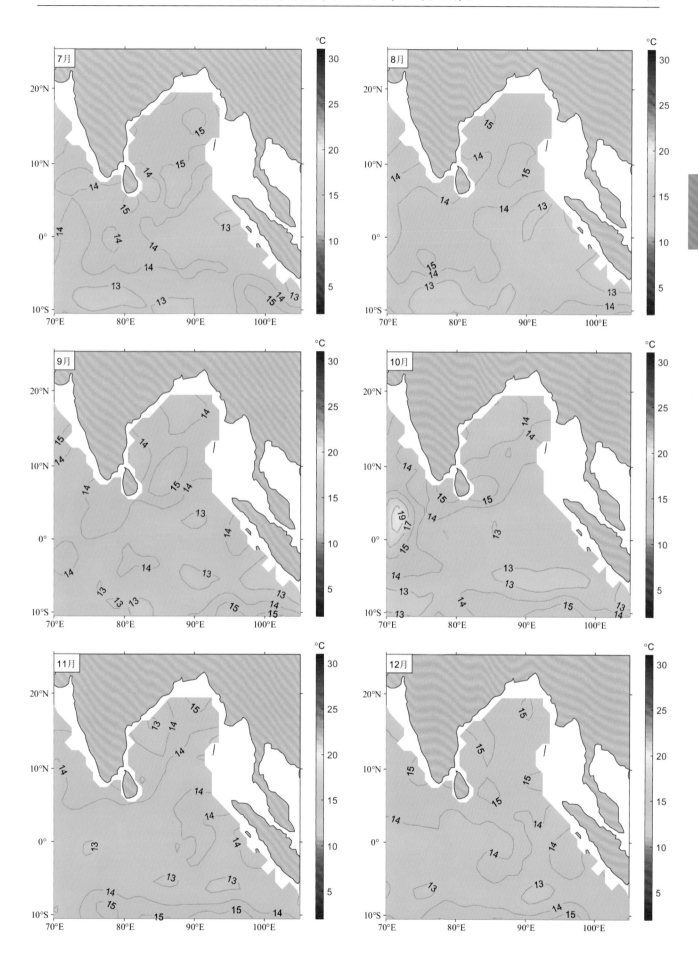

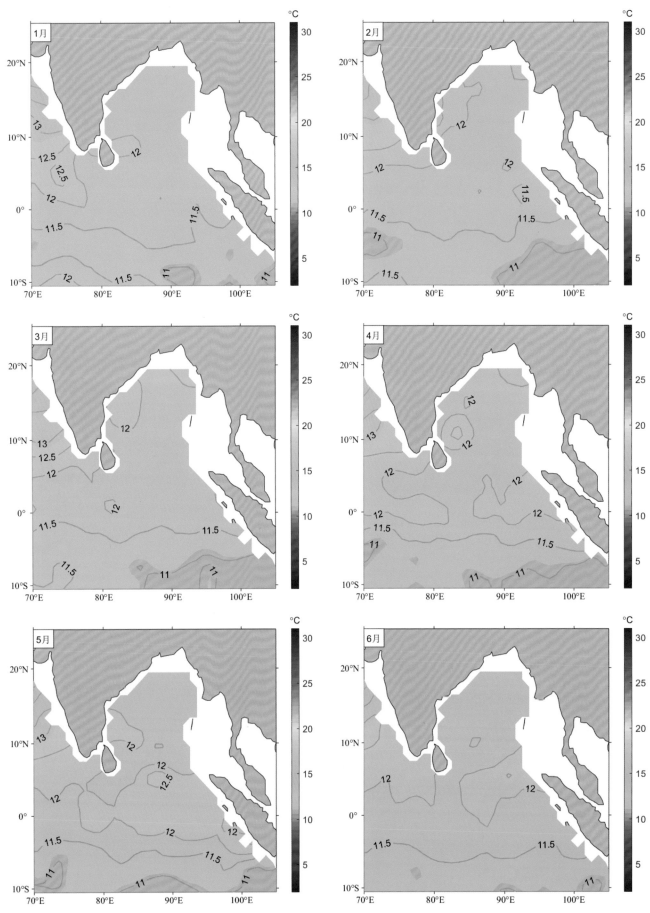

图9　300 m层水温（单位：℃）

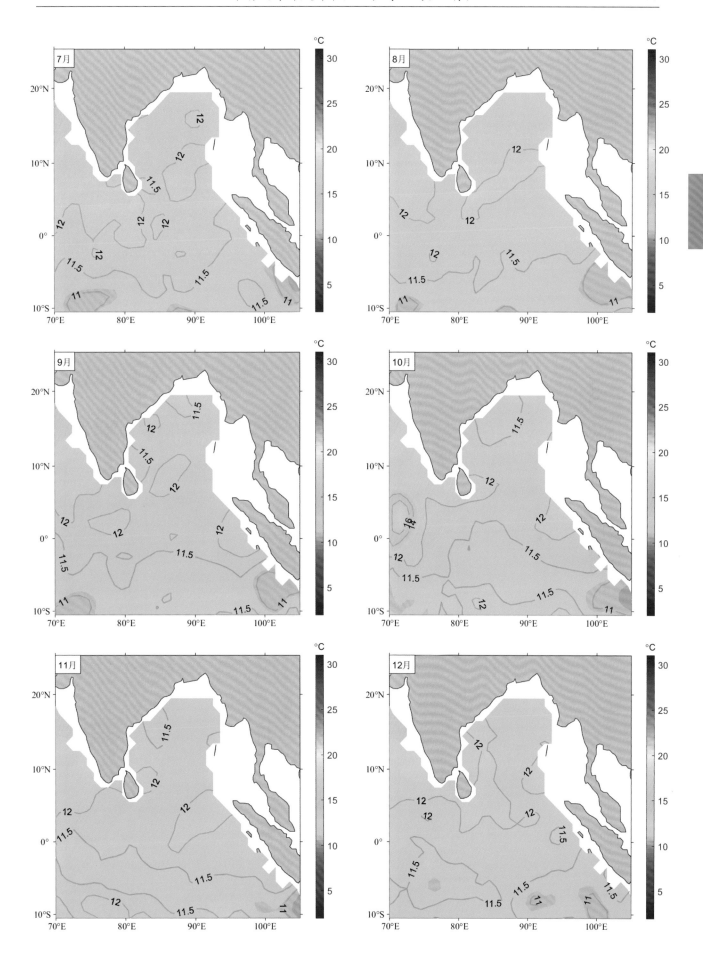

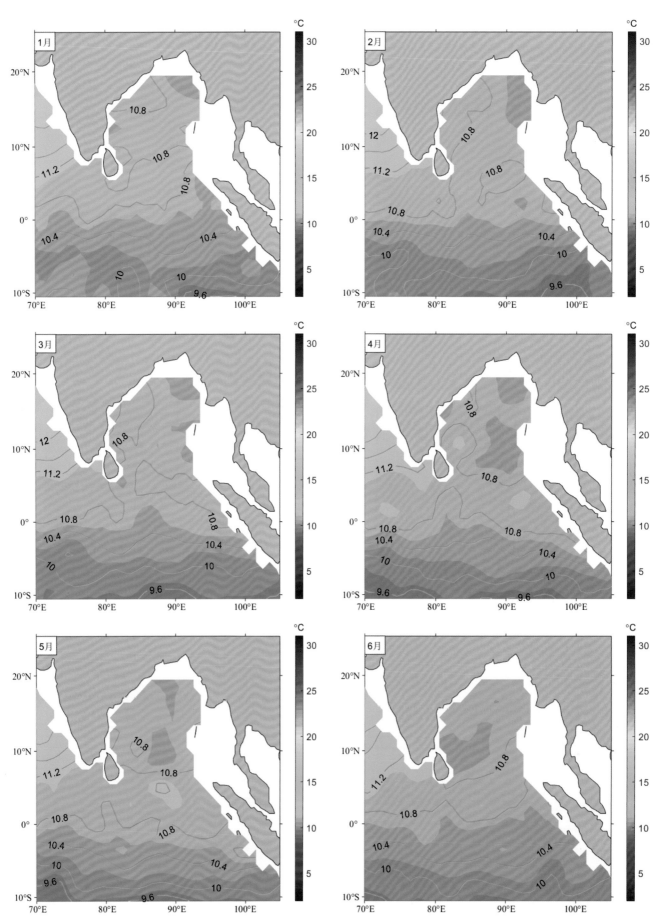

图 10　400 m 层水温（单位：℃）

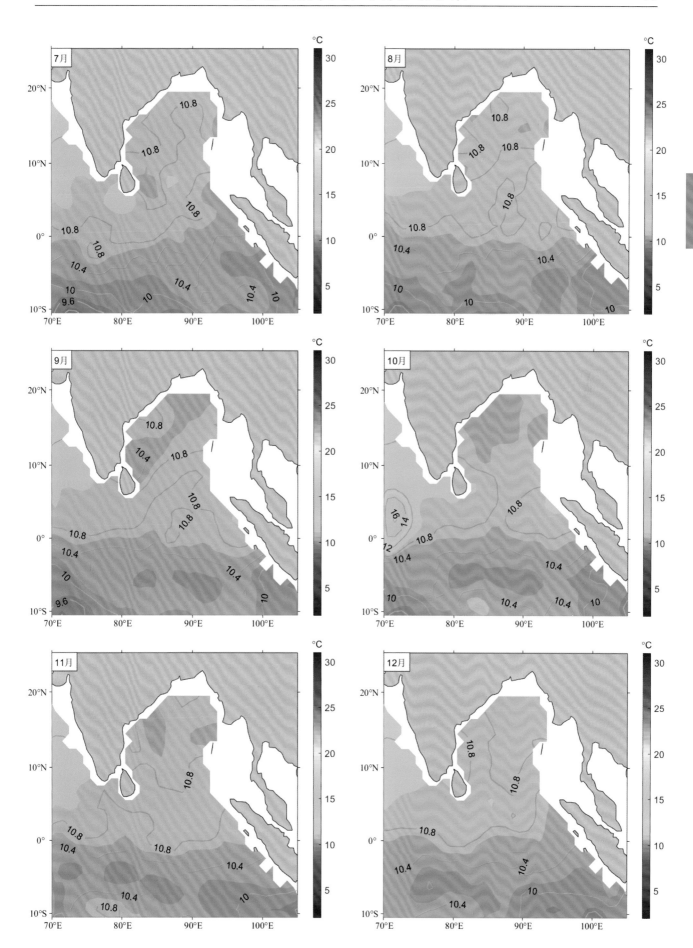

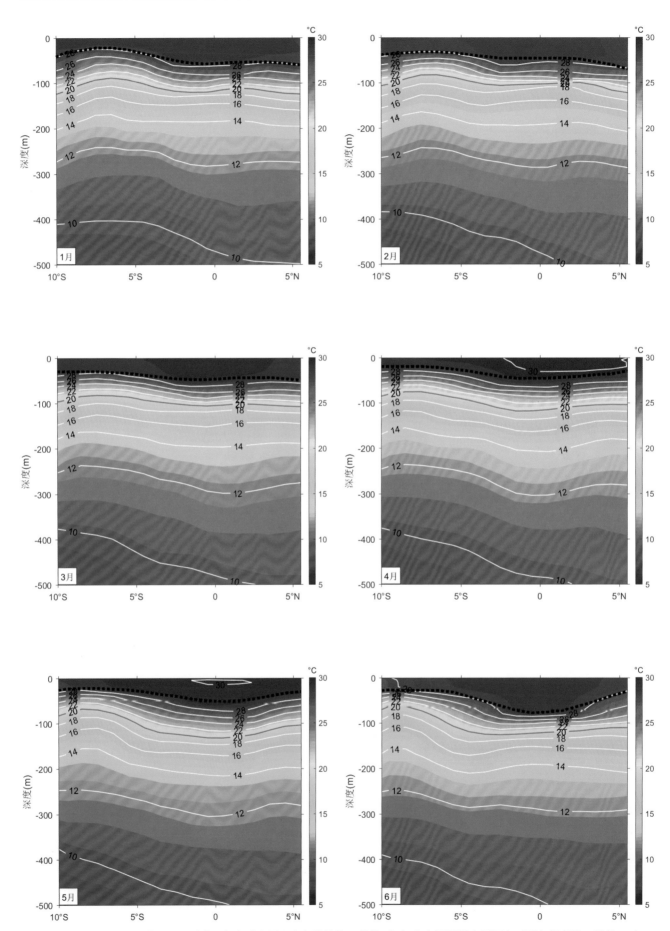

图 11　80.5°E 经向断面水温垂直分布（颜色填充图和白色等值线，单位：℃）和水温跃层上界深度（黑色粗虚线，单位：m）

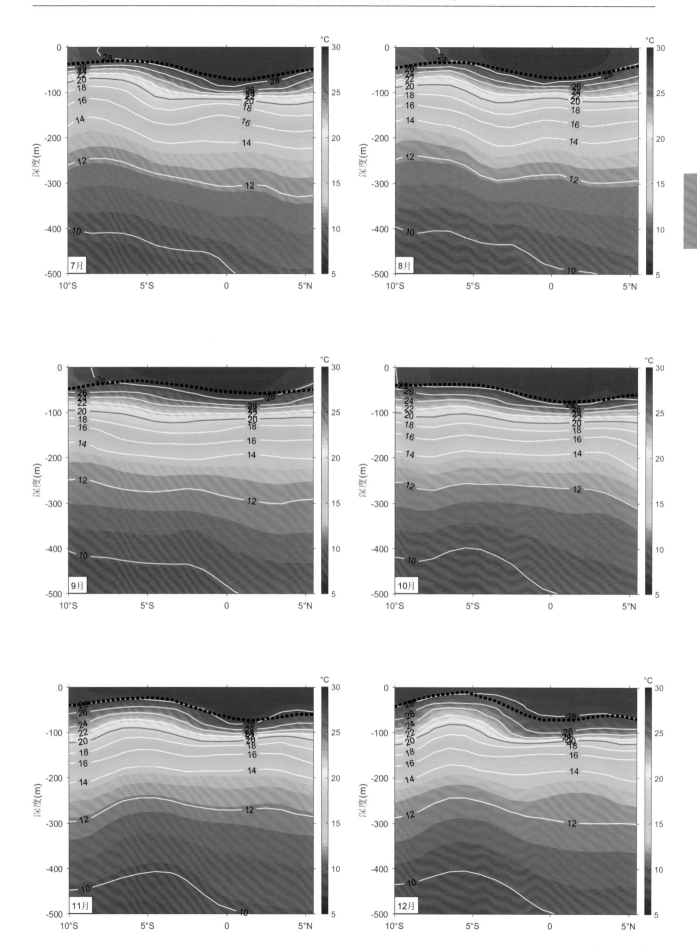

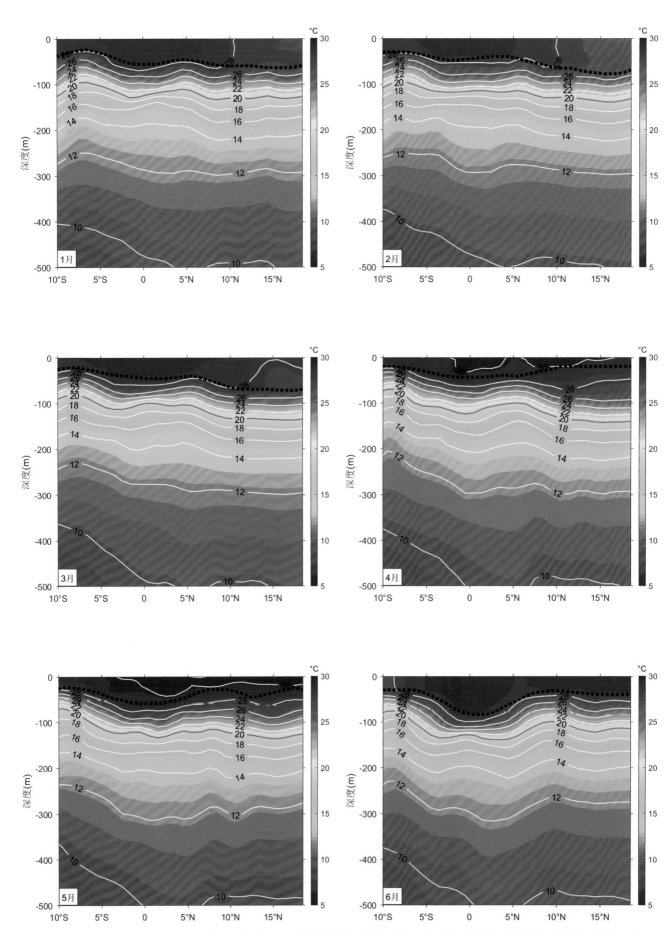

图 12　85.5°E 经向断面水温垂直分布（颜色填充图和白色等值线，单位：℃）和水温跃层上界深度（黑色粗虚线，单位：m）

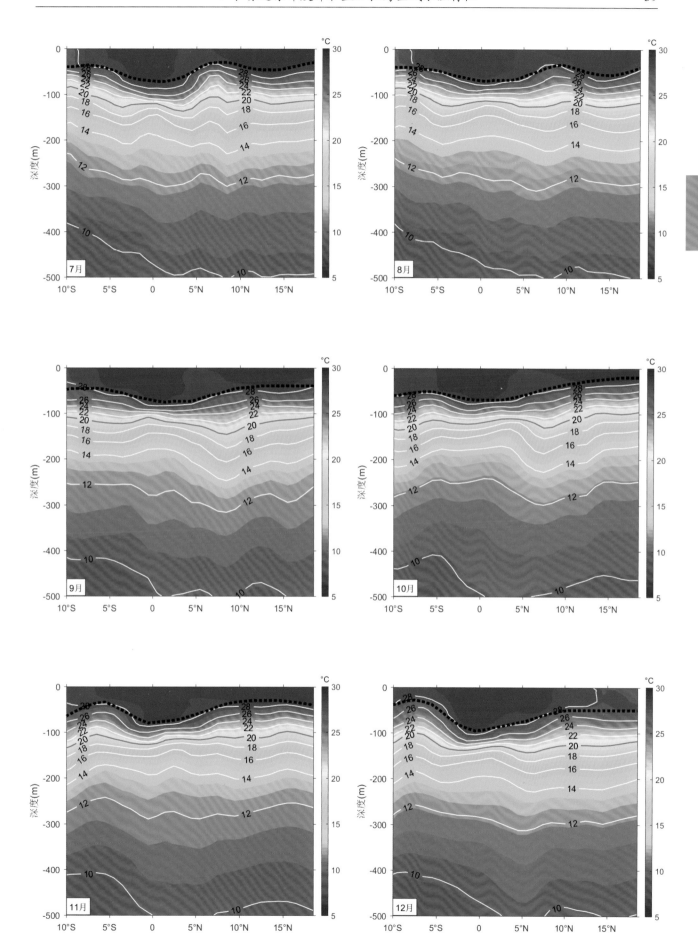

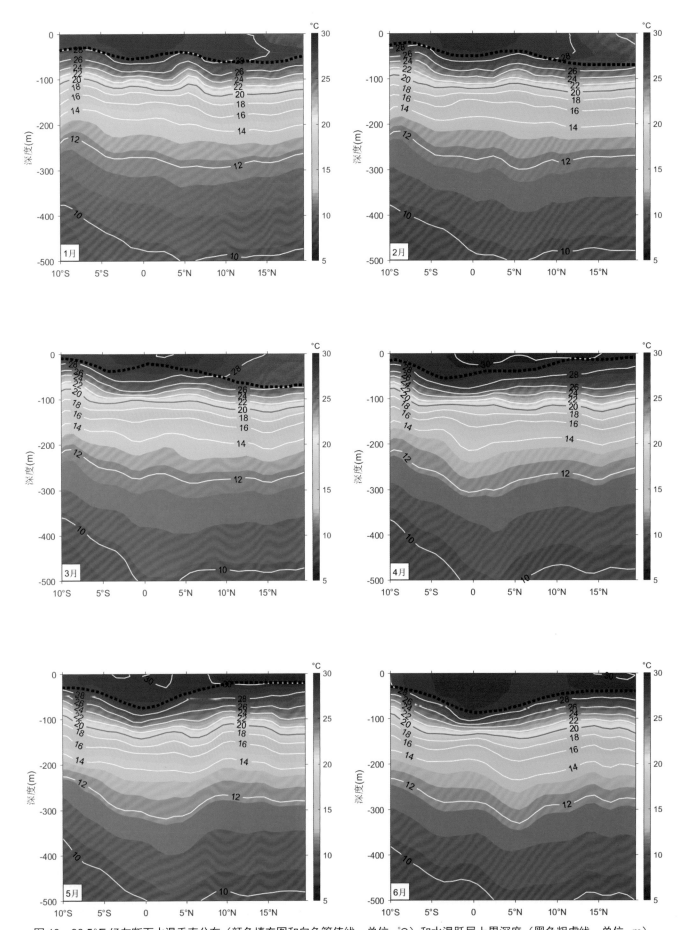

图 13　90.5°E 经向断面水温垂直分布（颜色填充图和白色等值线，单位：℃）和水温跃层上界深度（黑色粗虚线，单位：m）

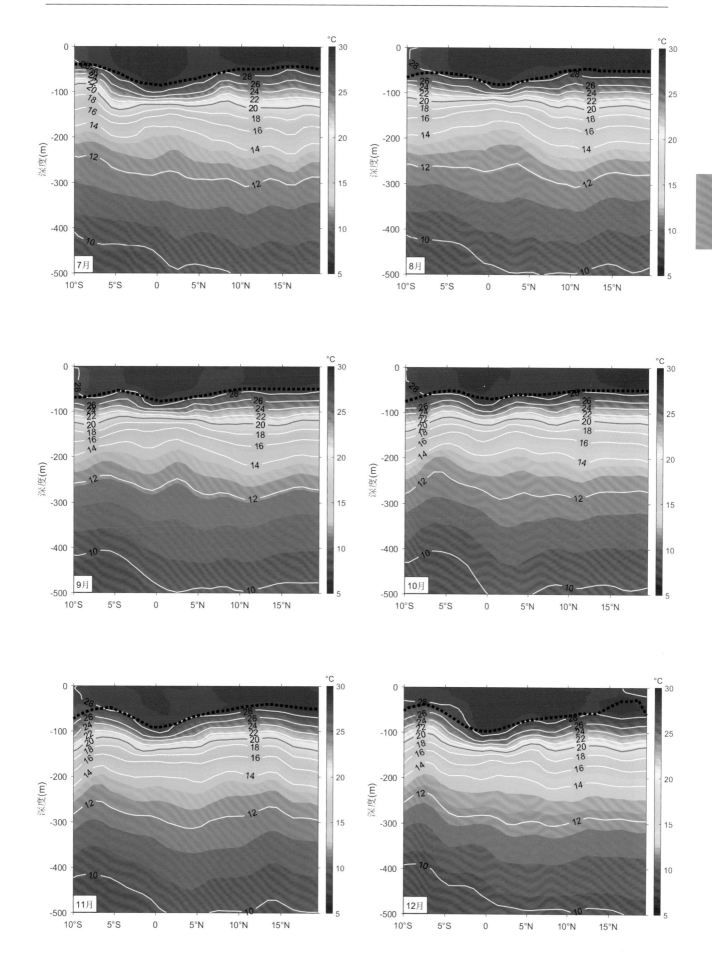

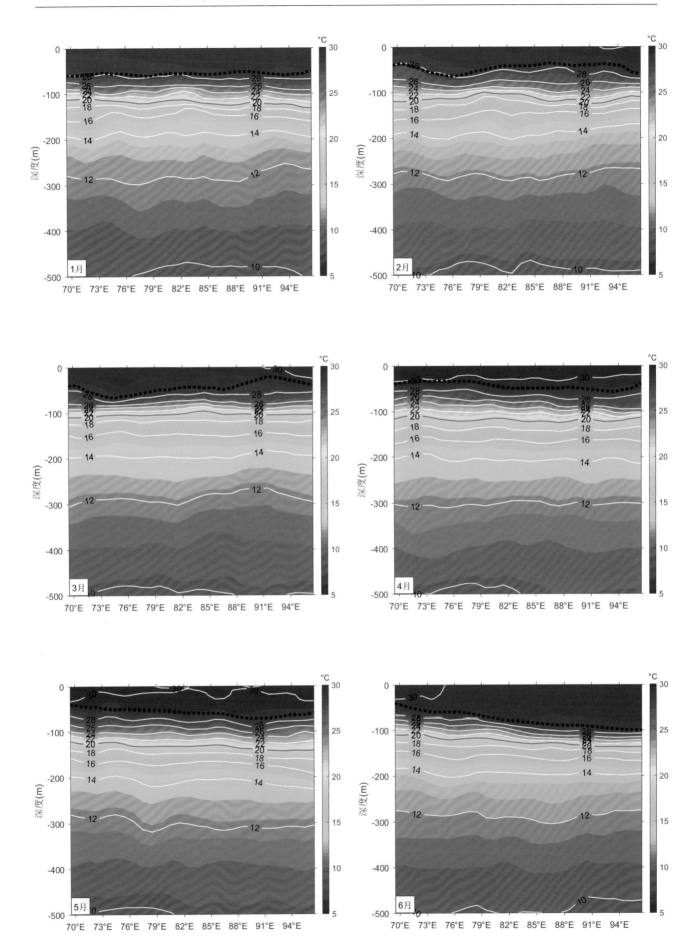

图 14　0.5°N 纬向断面水温垂直分布（颜色填充图和白色等值线，单位：℃）和水温跃层上界深度（黑色粗虚线，单位：m）

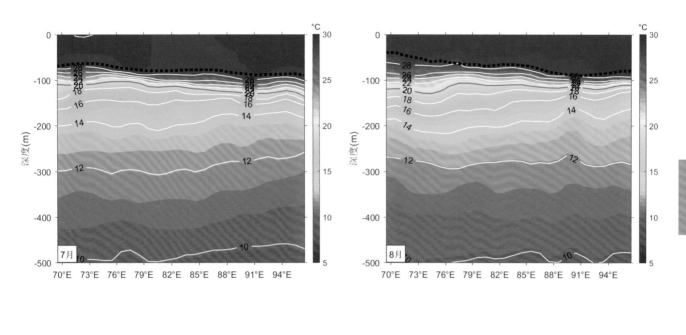

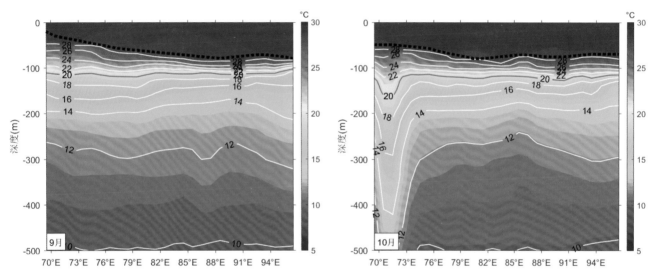

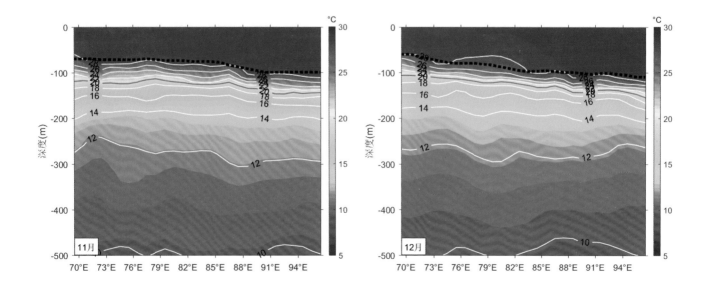

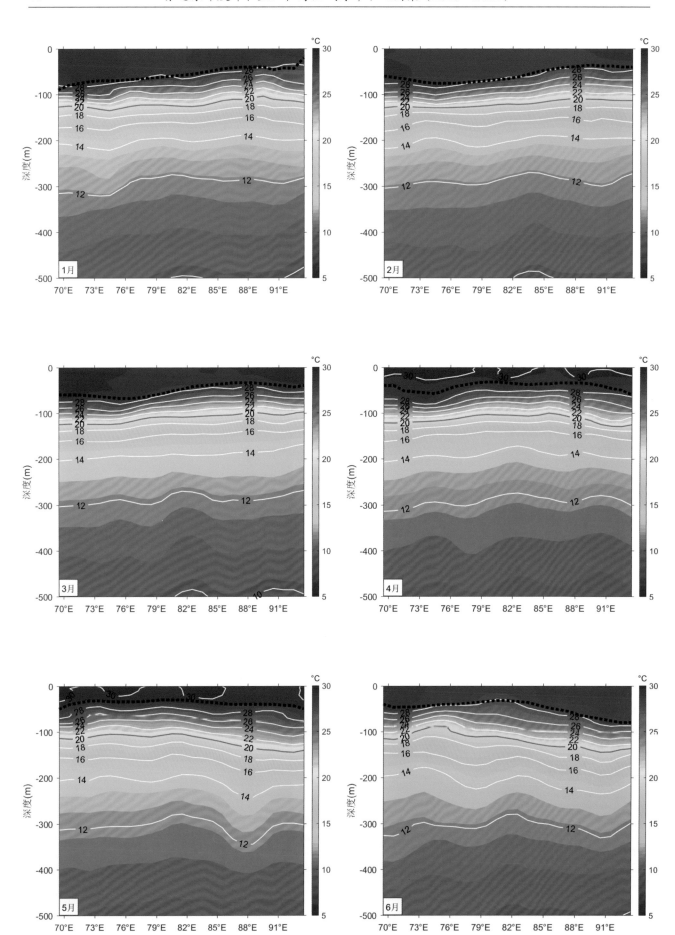

图 15 5.5°N 纬向断面水温垂直分布（颜色填充图和白色等值线，单位：℃）和水温跃层上界深度（黑色粗虚线，单位：m）

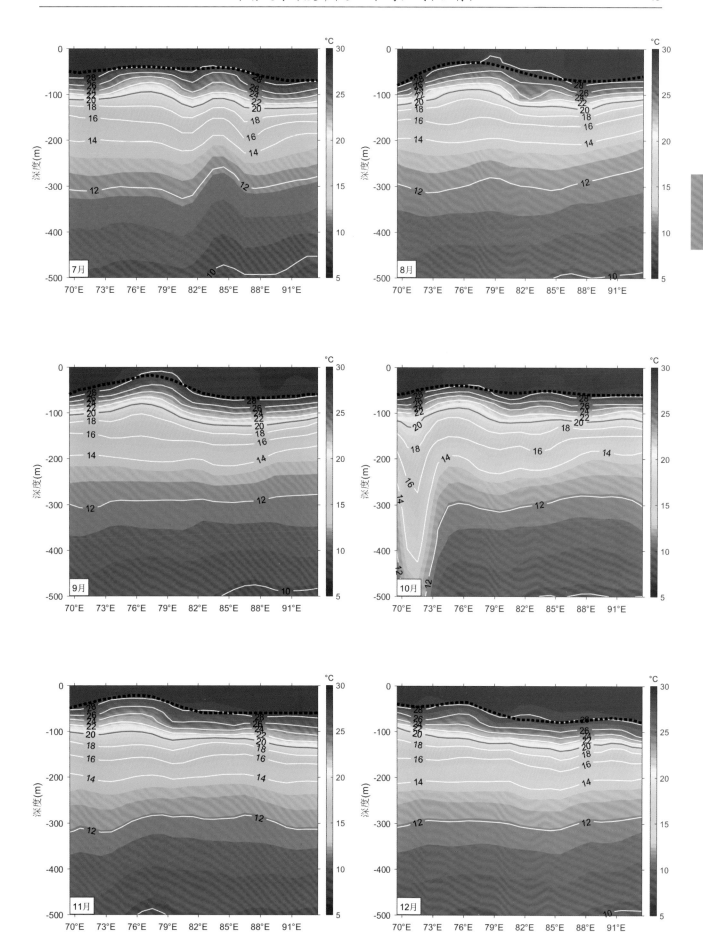

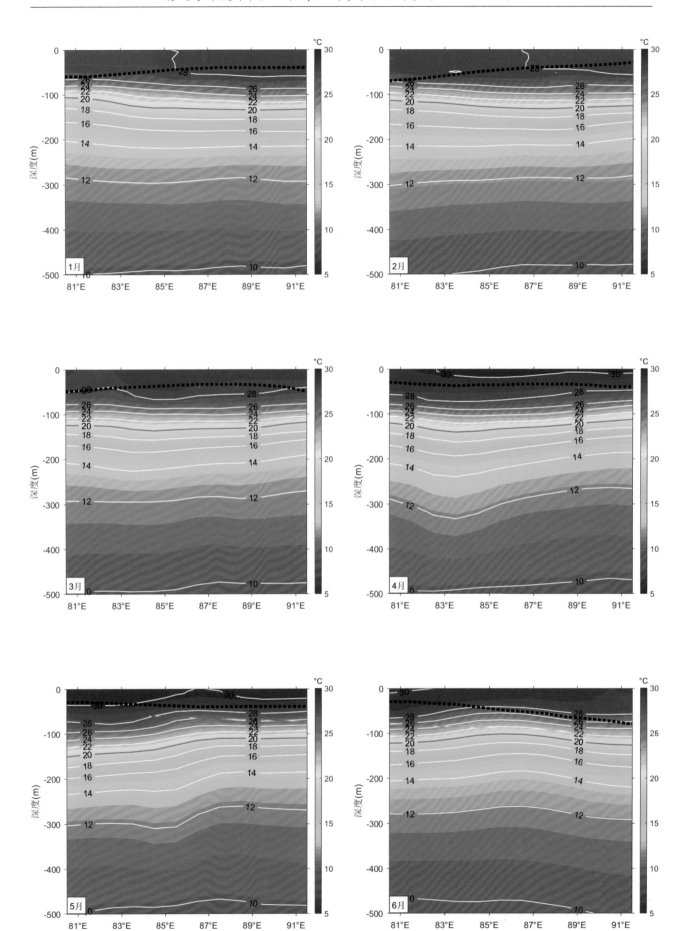

图 16　10.5°N 纬向断面水温垂直分布（颜色填充图和白色等值线，单位：℃）和水温跃层上界深度（黑色粗虚线，单位：m）

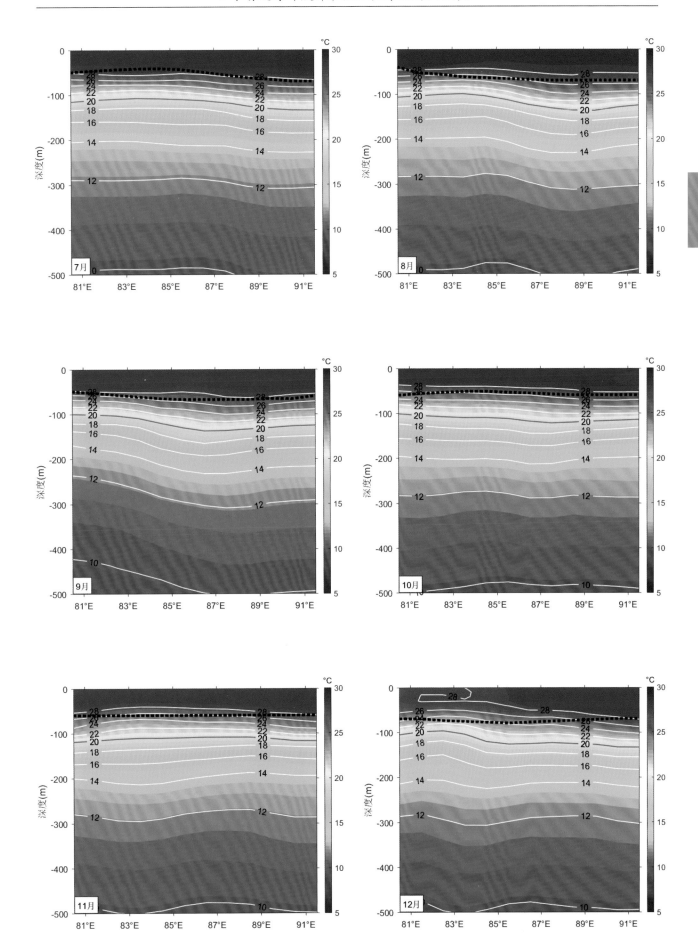

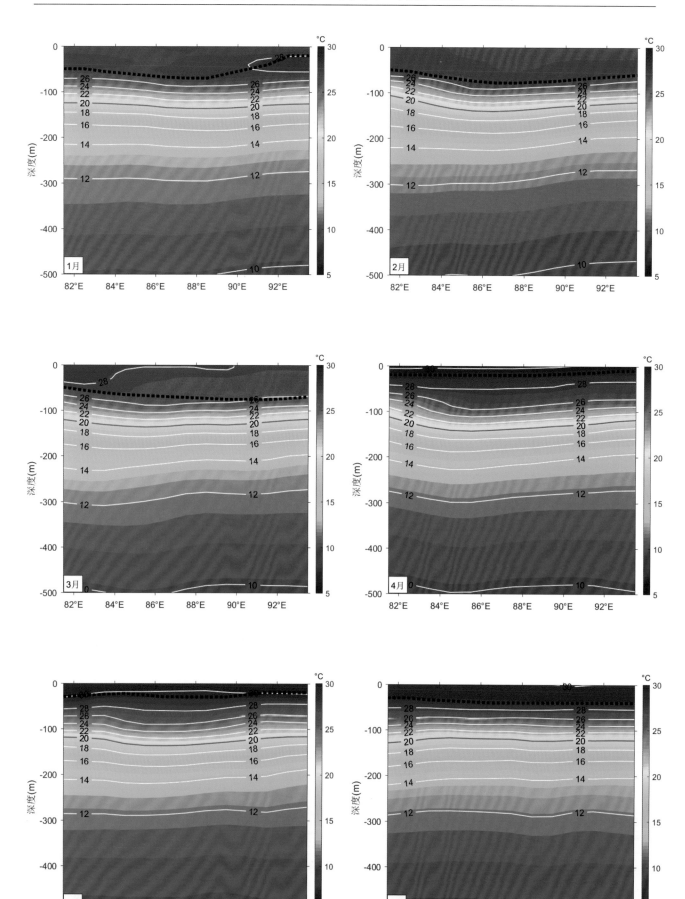

图17　15.5°N纬向断面水温垂直分布（颜色填充图和白色等值线，单位：℃）和水温跃层上界深度（黑色粗虚线，单位：m）

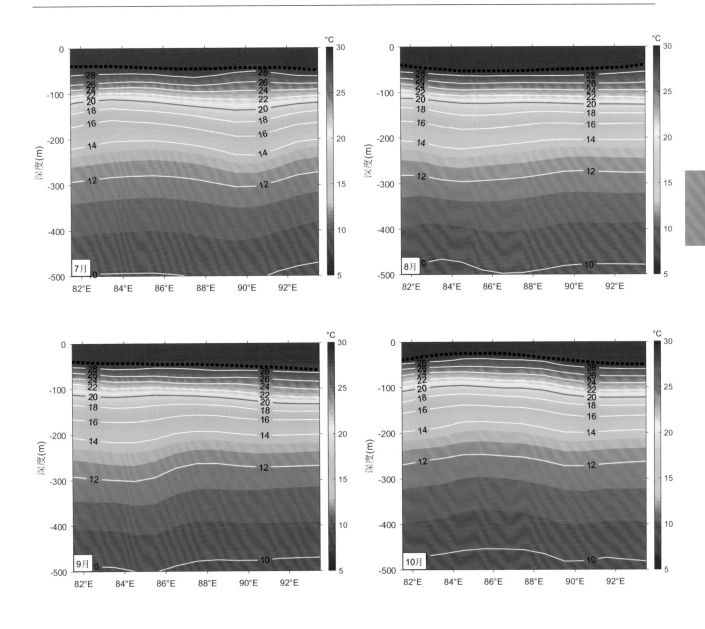

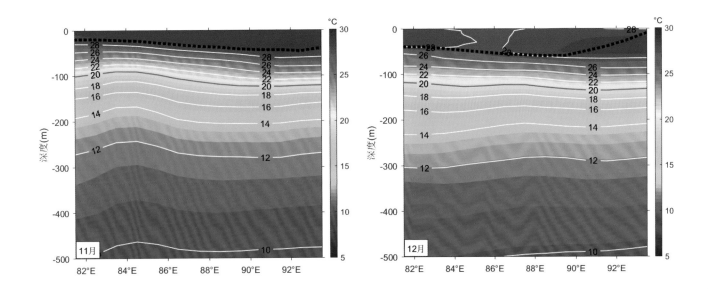

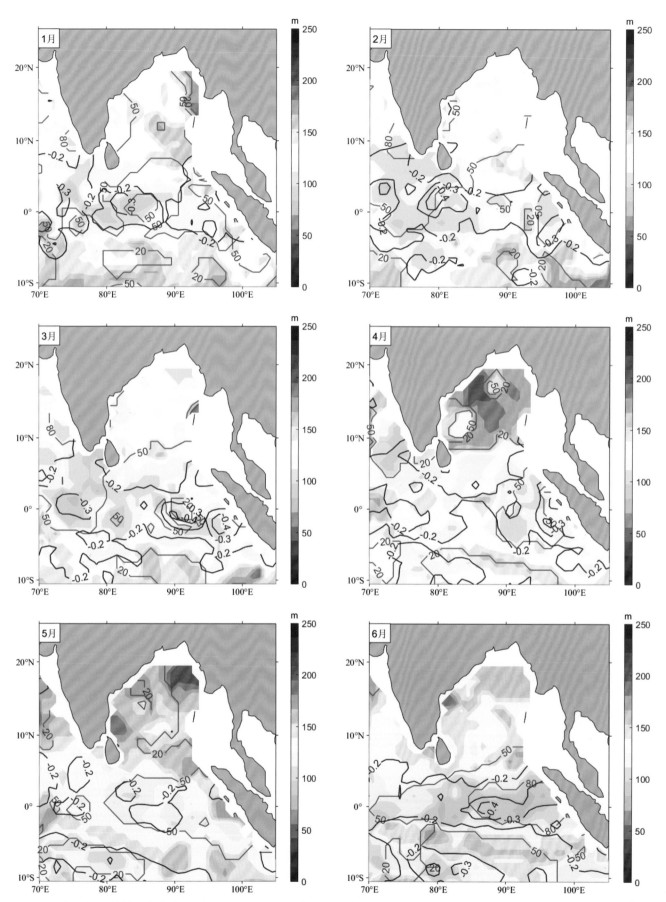

图18　水温跃层特性（空白为无跃层区）：温跃层厚度（颜色填充图，单位：m）、强度（红色等值线，单位：℃·m⁻¹）和上界深度（灰色等值线，单位：m）

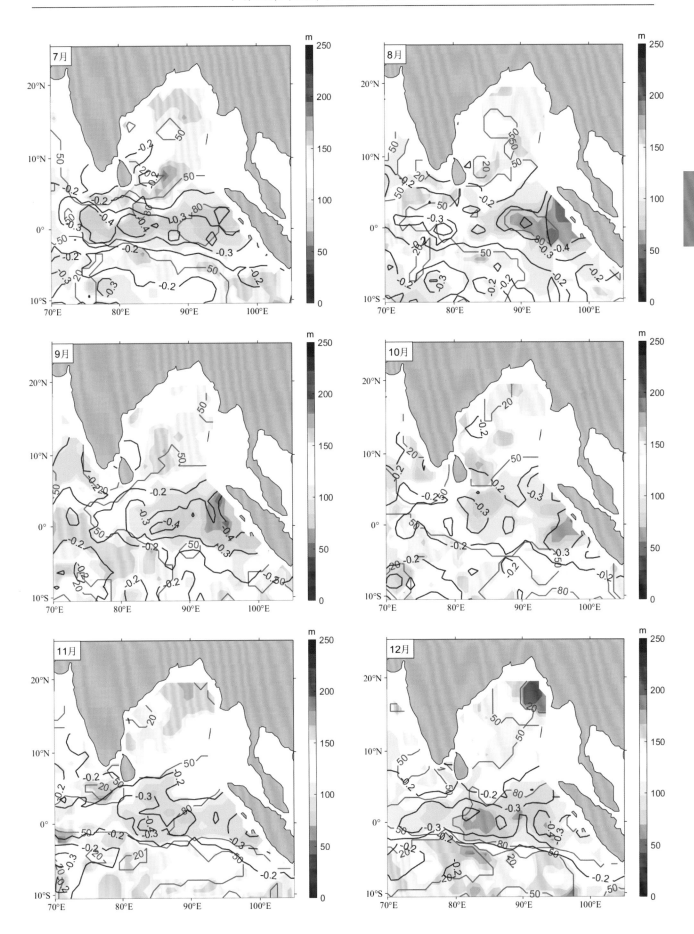

三、赤道东印度洋和孟加拉湾区域盐度特征

（一）各层盐度平面分布

春季：在表层，盐度高值区位于印度半岛西侧海域，值大于35.0，该高盐水南侵可到达5°S附近。盐度低值区位于孟加拉湾和苏门答腊岛以西海域，尤以孟加拉湾东北部盐度最低（约32.0）；在50 m层，盐度高值区位于印度半岛西侧和苏门答腊岛以西海域，值大于35.0。该高盐水往苏门答腊岛方向扩展；在100 m层，盐度高值区位于印度半岛西侧和南侧海域，值大于35.0，最高值约35.6。在孟加拉湾北部为盐度低值区，约34.4；在150 m层，整个海域基本为盐度高值区，值约35.0；在200 m层，在航次调查区域为盐度大值区，值大于35.0。大值中心位于印度半岛西侧海域，约35.2；在300 m层，盐度分布较均匀，在印度半岛西侧海域为高值区，约35.2，在航次调查区域约35.0；到400 m层，盐度分布自北向南递减，范围在34.8 ~ 35.2左右。

夏季：盐度各层分布较稳定，印度半岛西侧海域是盐度高值区。在表层，印度半岛以西海域盐度可达36.0，该表层高盐水会南侵。孟加拉湾北部盐度较低，可低于32.0；在50 m层，盐度在印度半岛西侧海域可达36.0，低值区位于孟加拉湾，值约33.5；在100 m层，在印度半岛西侧和南侧海域为盐度高值区，最大值约35.6。在孟加拉湾为盐度低值区，值约34.7；在150 m层，基本为盐度高值区，值约35.0；在200 m层，在苏门答腊岛以西海域盐度约35.1，在孟加拉湾盐度约35.0；在300 m层，盐度分布自北向南递减。在印度半岛西侧海域盐度约35.2，在航次调查区域盐度约35.05；在400 m层，盐度分布与春季类似。

秋季：表层，印度半岛西侧海域盐度较高，值约36.0。孟加拉湾为盐度低值区，其北部盐度可小于31.0；在50 m层，印度半岛西侧海域为盐度高值中心，值约36.0。孟加拉湾为盐度低值区，值约33.0；在100 m层，在印度半岛西侧和南侧海域为盐度大值区，约35.3。在航次调查区域为盐度低值区，值约34.7；在150 m层，在印度半岛西侧海域为盐度大值区，约35.2。在航次调查区域约35.0；在200 m层，盐度分布较均匀，在苏门答腊岛以西海域约35.1，在孟加拉湾约35.0；在300 m层和400 m层，盐度分布较均匀，范围在34.8 ~ 35.2左右。航次调查区域盐度值约35.0。

冬季：印度半岛西侧海域的高盐水会向东南方向扩展，由海表向海底方向分布范围逐渐扩大。在表层，低盐中心位于孟加拉湾和斯里兰卡岛北部海域，值约32.0。受东北季风影响，北赤道流强盛，在孟加拉湾形成的低盐水舌，可一直向西扩展到印度半岛西南侧洋区；在50 m层，低盐中心位于孟加拉湾和斯里兰卡岛北部海域，值约33.5。在苏门答腊岛以西海域，盐度约35.0；在100 m层，盐度高值中心位于印度半岛西侧海域，约35.6。盐度在苏门答腊岛以西海域约35.0，在孟加拉湾区域约34.7；在150 m至400 m层，盐度分布与春季类似，季节变化不明显（详情请参见图19至图25）。

（二）各断面盐度垂直分布和盐度跃层上界深度

经向断面分布特征：① 80.5°E断面，盐度垂直分布的季节变化不明显，盐度分布较均匀，约35.0左右。整个断面存在从高纬向低纬方向扩展的高盐水舌，其在100 m深度可扩展到最南端。该水舌盐度于11—12月，在0°—5°N范围约100 m深度存在最大值约35.4。跃层上界深度较浅，一般小于25 m，在夏

季会加深至 75 m 左右。在夏、秋季，赤道以南存在无跃层区；②在 85.5°E 断面，同样存在从高纬向低纬方向扩展的高盐水舌。该水舌盐度于 12 月，在 0°—5°N 范围约 100 m 深度存在最大值约 35.4。从 100 m 到 500 m 深度基本都是高盐水，值在 35.0 左右，季节变化不明显。在 15°N 附近为孟加拉湾海域的低盐中心，值小于 33.0。跃层上界深度较浅，约 50 m，在夏、秋季会加深至 100 m 左右。赤道附近存在无跃层区；③ 90.5°E 断面，分布和 85.5°E 断面类似（详情请参见图 26 至图 28）。

纬向断面分布特征：①在 0.5°N 断面，在 94°E 附近，从表层到 100 m 深度存在盐度低值中心，值小于 34.0。该低盐中心向西扩展，在秋季扩展范围最大。在 0 ~ 100 m 深度，于 11—12 月在 70°E 附近存在盐度高值中心，可达 35.6。在 100 ~ 500 m 深度，基本上为高盐水，盐度值随深度变化较小，为 35.0 左右。跃层上界深度较浅，一般小于 50 m，在夏、秋季有加深现象，最深约 100 m。局部会出现无跃层区；②在 5.5°N 断面，存在高盐水舌自西向东扩展，值大于 35.0。盐度低值中心位于 91°E 附近，于秋、冬季会向西扩展，可达 80°E 附近，值小于 33.0。在 0 ~ 100 m 深度，于秋、冬季在 70°E 附近存在盐度高值中心，可达 35.6。在大于 100 m 深度范围，盐度分布较均匀，约 35.0 左右。盐度跃层上界深度比较浅，约在 0 ~ 50 m 范围；③在 10.5°N 断面，盐度等值线基本和纬向平行。在 0 ~ 100 m 范围，盐度较低可小于 33.0。在 0 ~ 100 m 深度，于冬季在 81°E 附近存在盐度低值中心，可小于 32.0。在大于 100 m 深度范围，盐度值分布较均匀，约 35.0。盐度跃层上界深度较浅，在 0 ~ 50 m 范围；④在 15.5°N 断面，盐度等值线基本和纬向平行。在 0 ~ 100 m 范围，盐度较低，一般小于 34.5。盐度低值中心位于 91°E 附近，可小于 32.0。在大于 100 m 深度范围，盐度分布比较均匀，在 35.0 左右。盐度跃层上界深度较浅，在 0 ~ 50 m 范围（详情请参见图 29 至图 32）。

（三）盐度跃层特性

春季：跃层强度普遍较弱，只在印度半岛西侧海域强度较强（约 0.05 m⁻¹）。在孟加拉湾区域，跃层上界深度约 30 m，跃层厚度约 120 m。在苏门答腊岛以西海域，跃层上界深度可达 90 m，跃层厚度约 90 ~ 120 m 范围。在印度半岛西南侧海域出现小范围无跃层区。

夏季：在孟加拉湾区域，跃层强度较强可达 0.05 m⁻¹，上界深度约 30 m，跃层厚度在 120 m 左右。在苏门答腊岛以西海域，上界深度可达 90 m，跃层厚度可达 120 m。其他海域跃层厚度约 50 m。赤道附近无跃层区的范围开始扩大，呈纬向带状分布。

秋季：强跃层区分布在孟加拉湾和印度半岛南侧海域，约 0.05 m⁻¹。在孟加拉湾区域，跃层强度较强，平均约 0.05 m⁻¹，在其北部可达约 0.11 m⁻¹，上界深度约 30 m，跃层厚度约 120 m。在苏门答腊岛以西海域，上界深度最深约 90 m，平均约 60 m，跃层厚度约 120 m。在印度半岛南部的赤道附近，无跃层区域范围扩大。

冬季：和春季情况类似，盐度跃层分布区域较广。跃层强度逐渐减弱，跃层强度较强区域主要分布在孟加拉湾东北部和印度半岛南侧海域，值约 0.05 m⁻¹。在孟加拉湾区域，上界深度约 30 m，跃层厚度约 120 m，其东北部跃层强度最强约 0.08 m⁻¹。在苏门答腊岛以西海域，跃层上界深度约 30 m，跃层厚度约 100 ~ 150 m 范围（详情请参见图 33）。

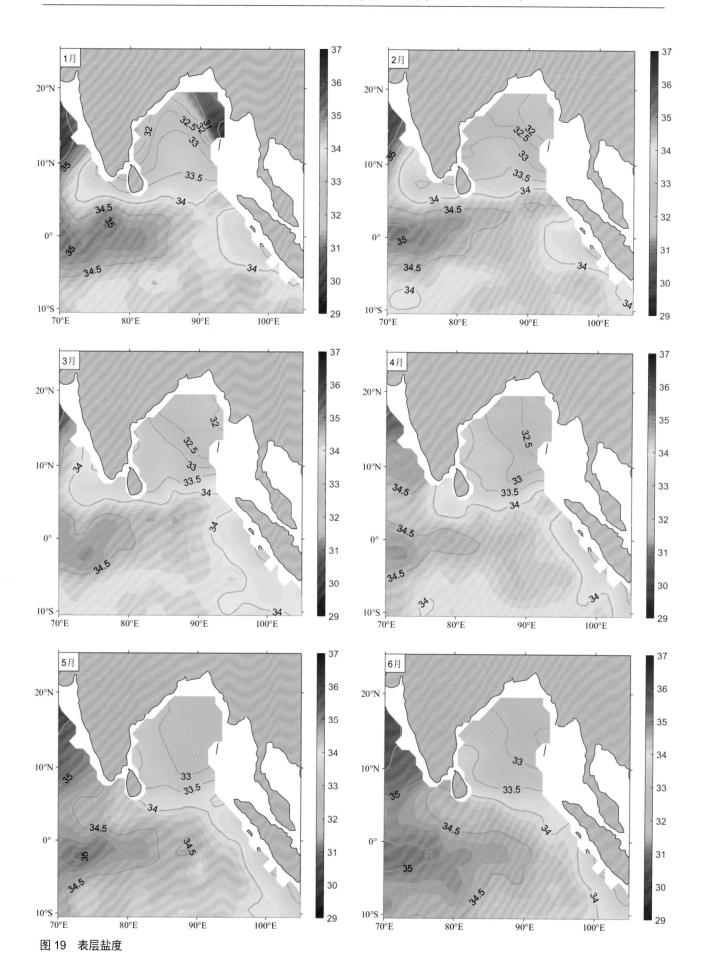

图 19　表层盐度

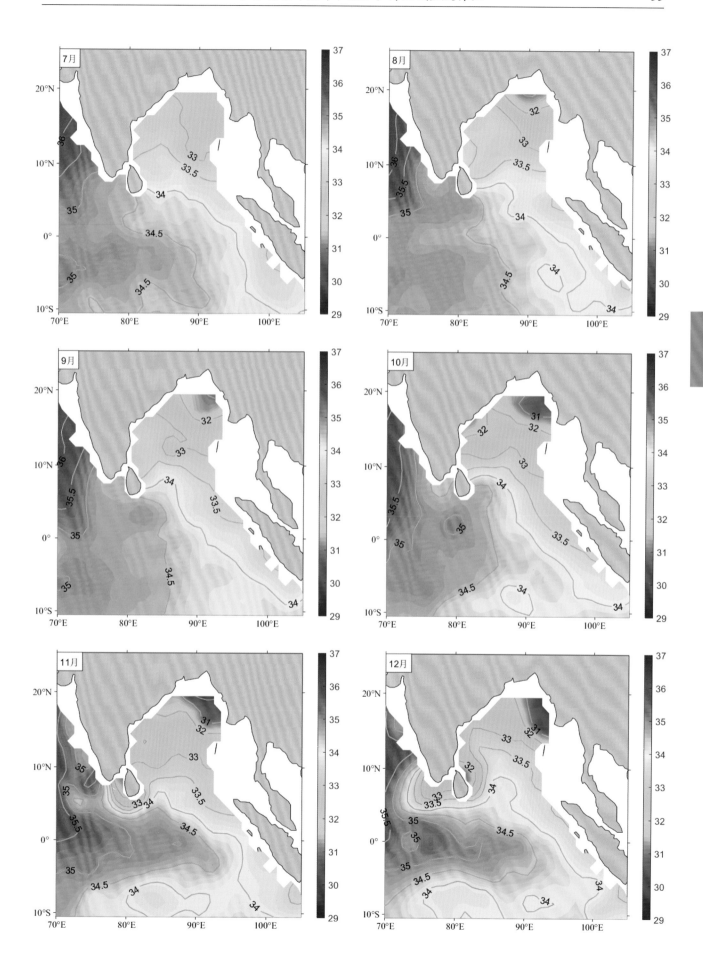

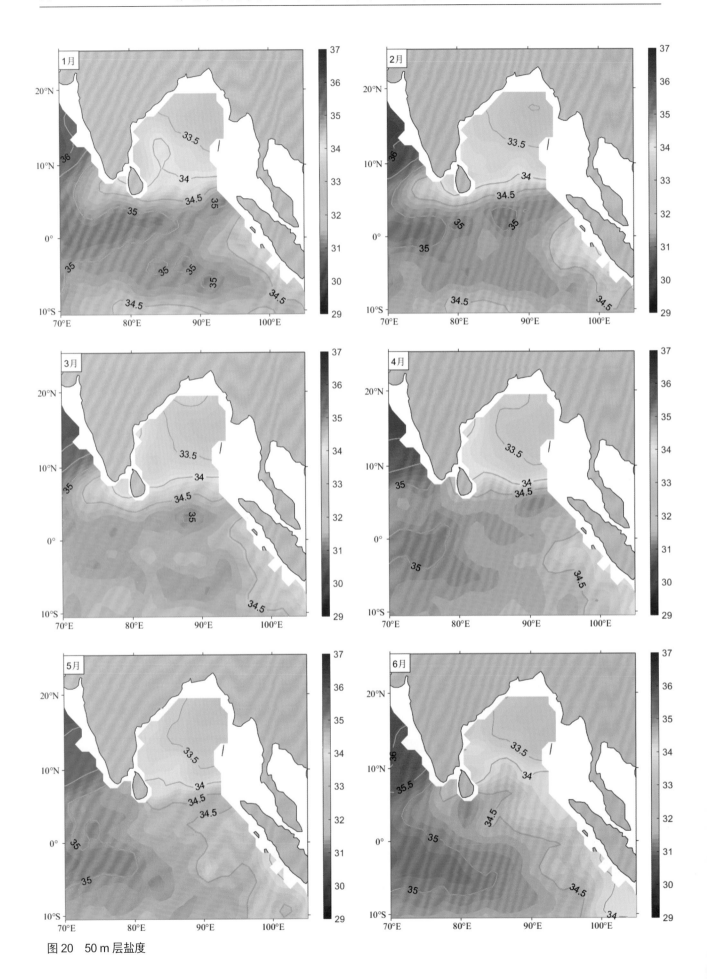

图 20　50 m 层盐度

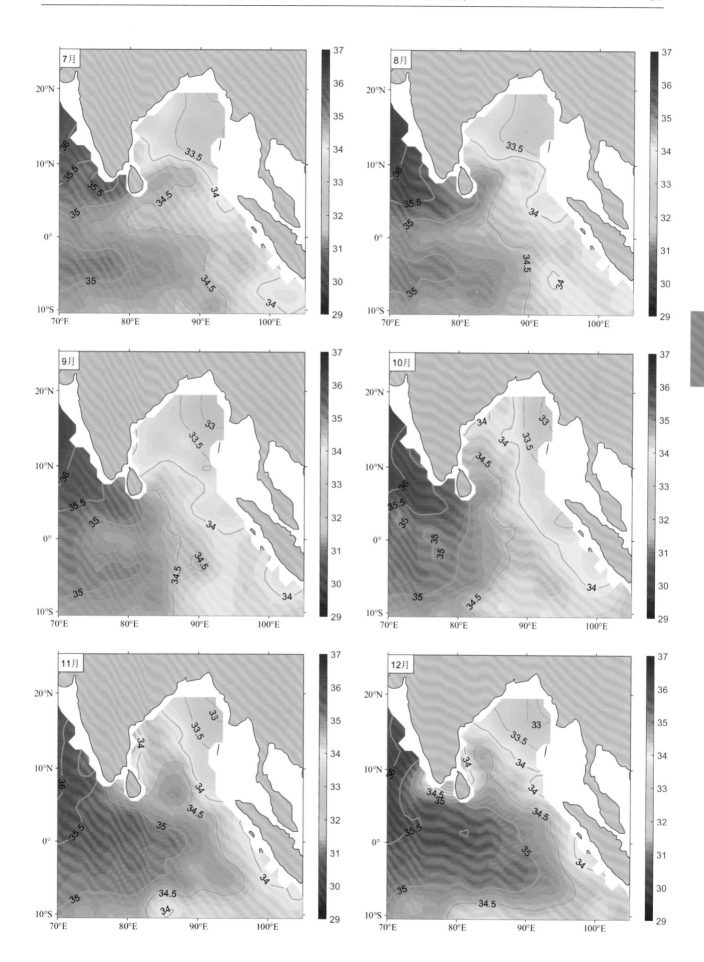

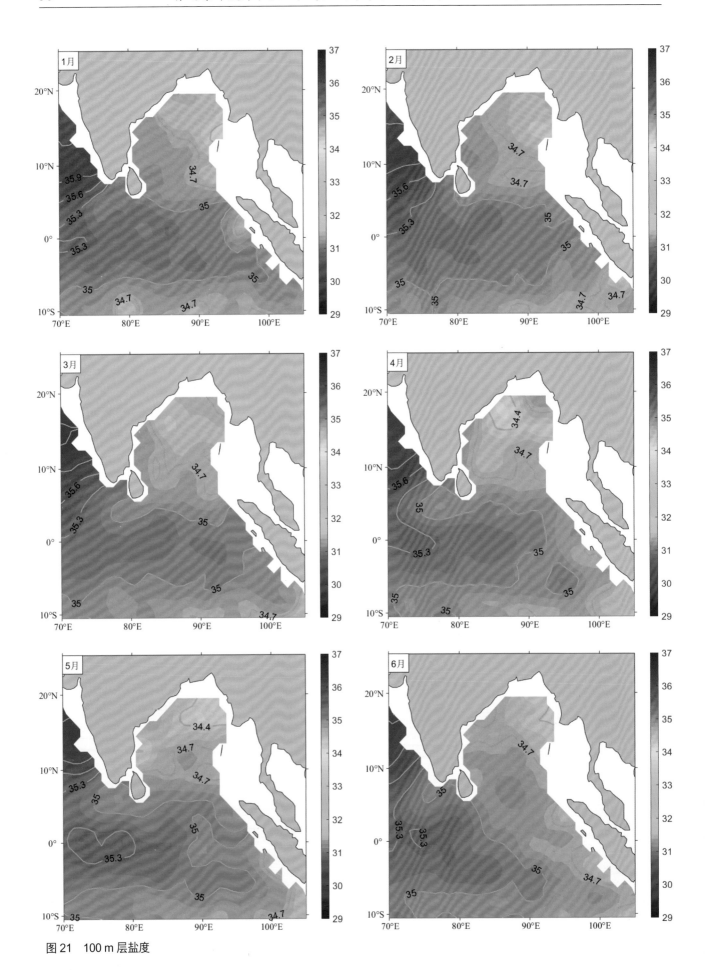

图21　100 m 层盐度

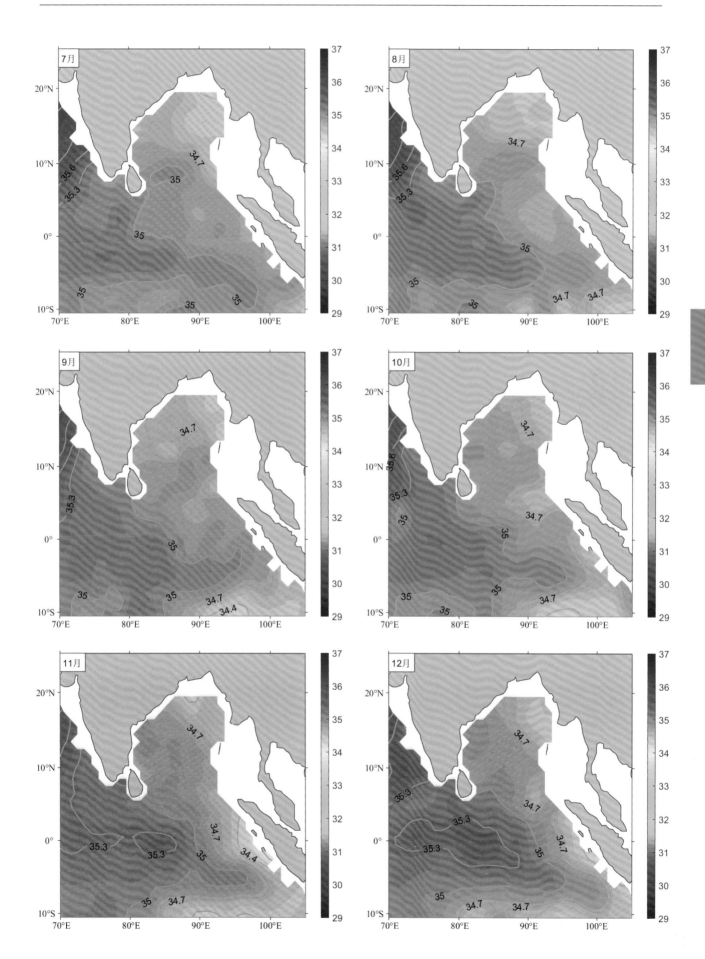

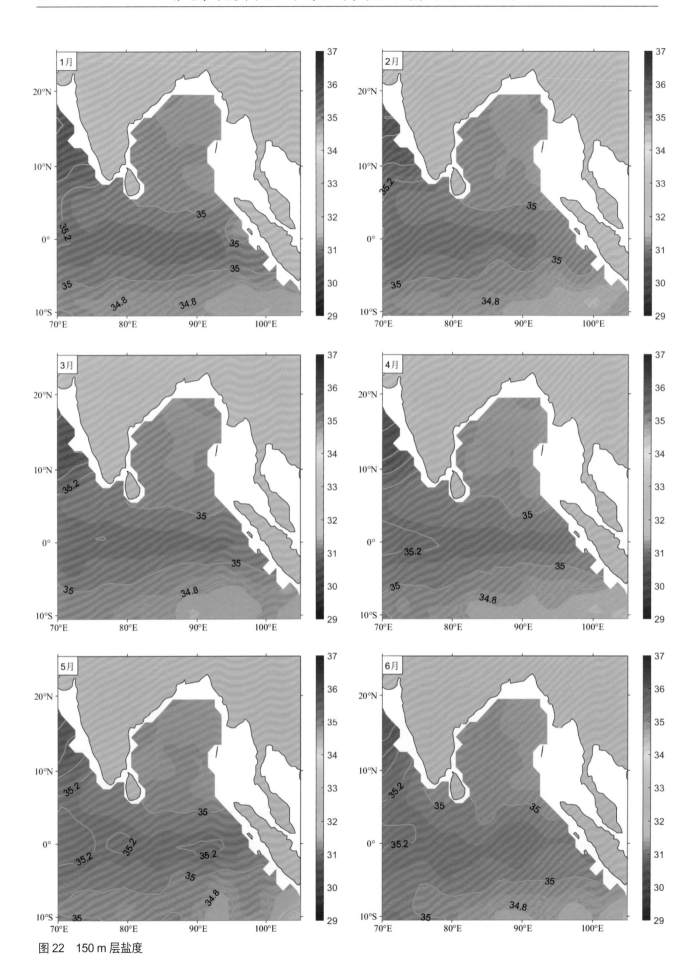

图 22　150 m 层盐度

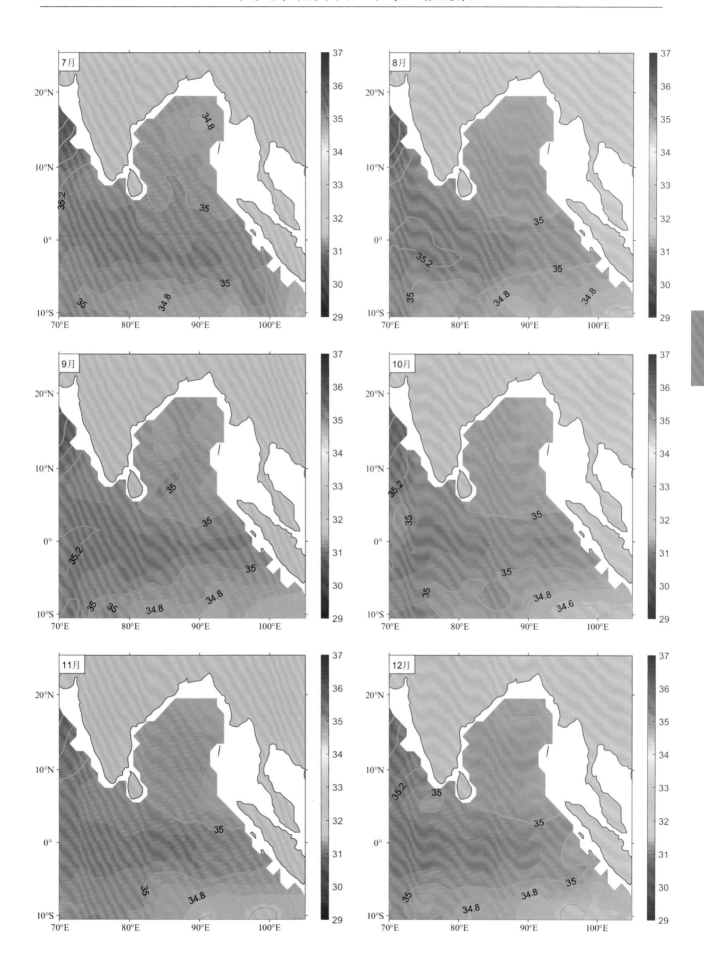

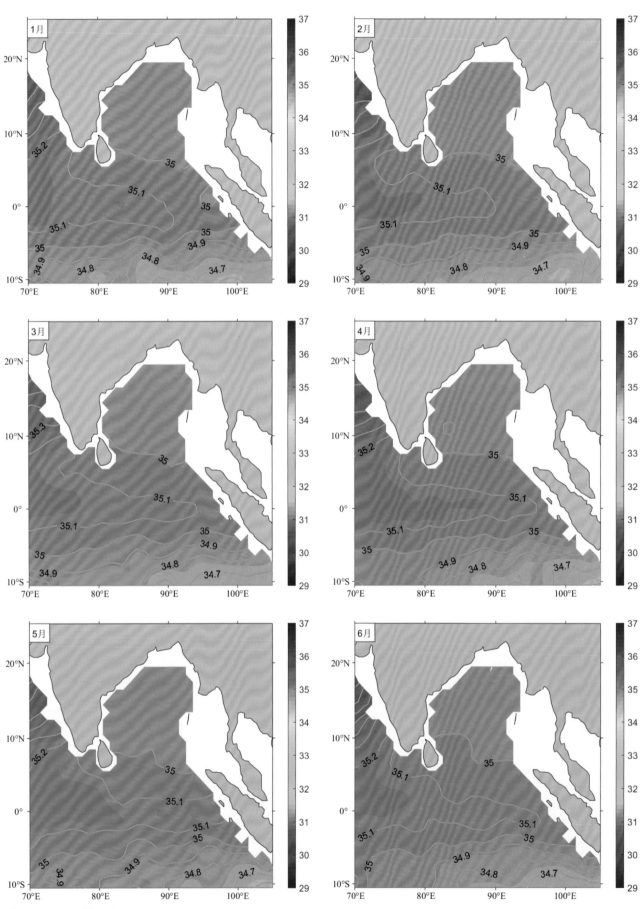

图 23　200 m 层盐度

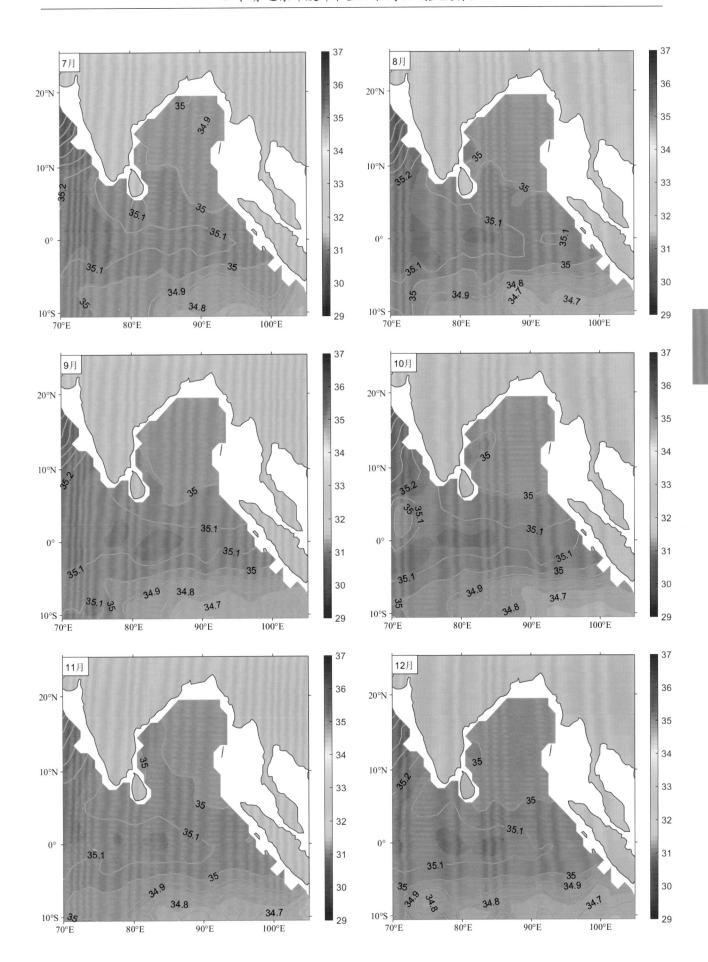

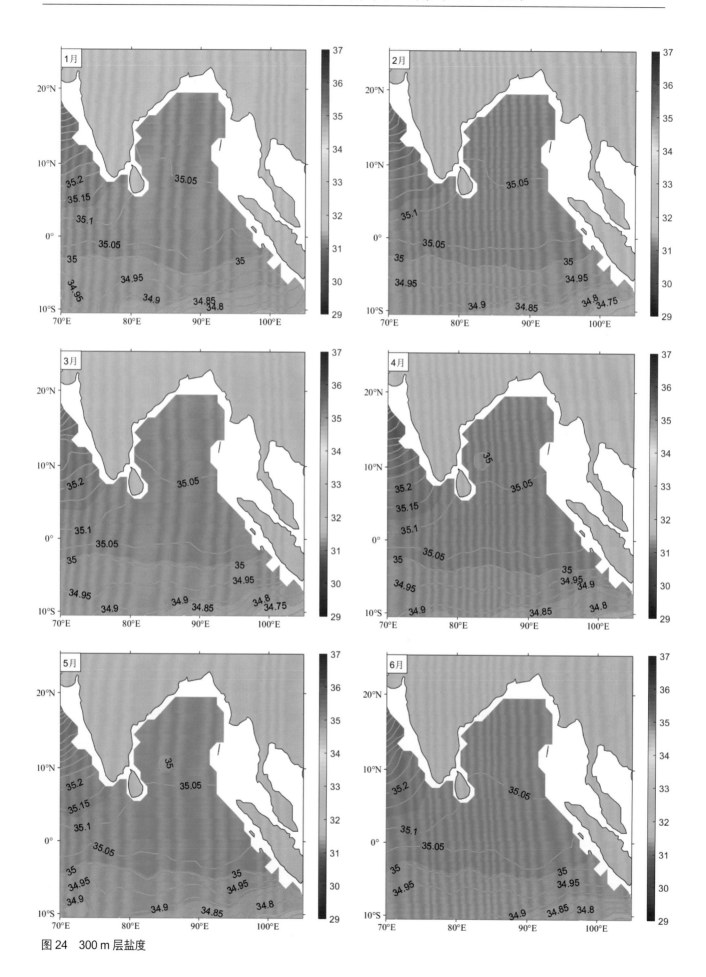

图24　300 m 层盐度

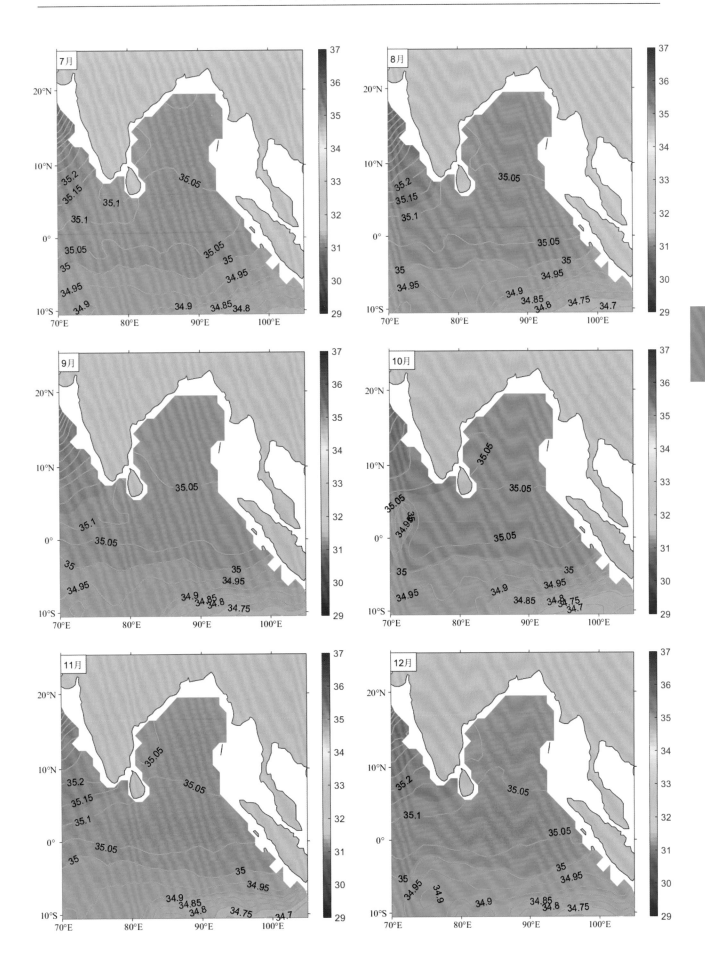

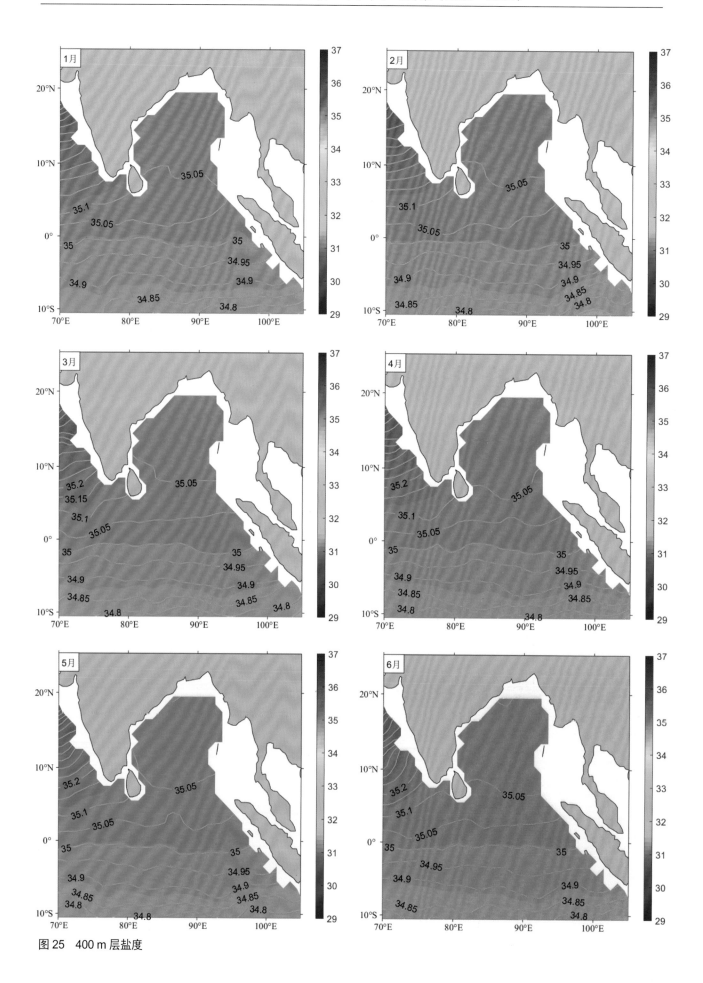

图 25　400 m 层盐度

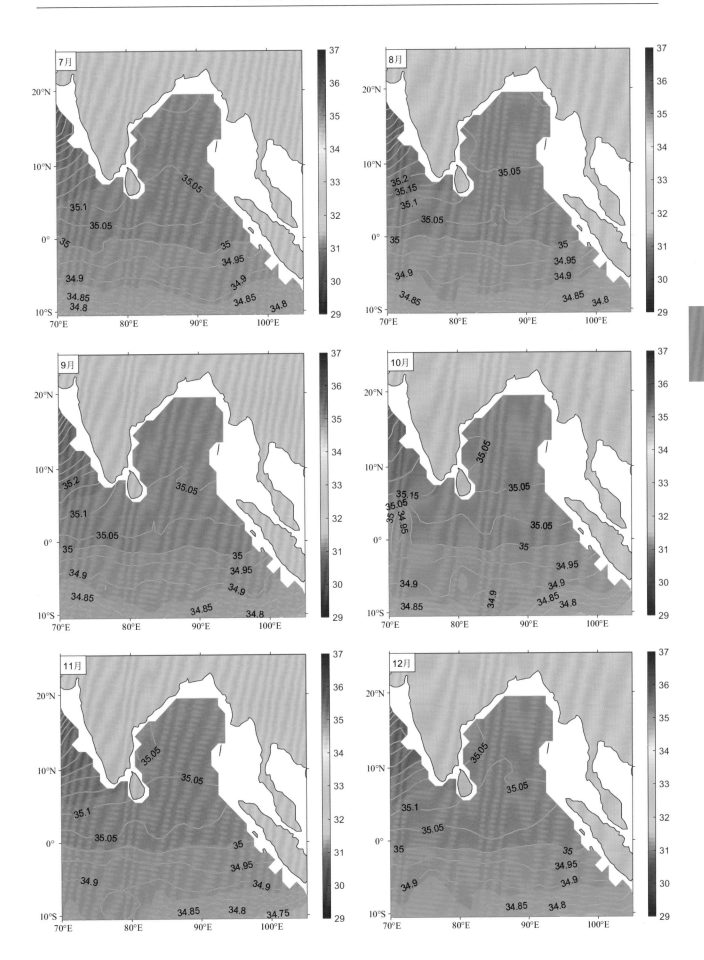

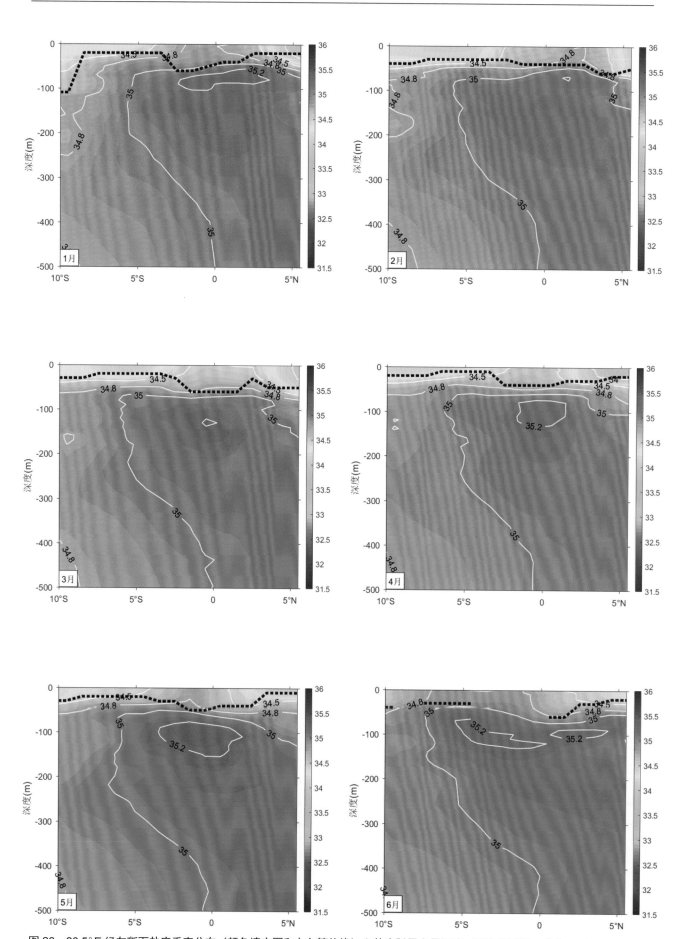

图 26　80.5°E 经向断面盐度垂直分布（颜色填充图和白色等值线）和盐度跃层上界深度（黑色粗虚线，单位：m）

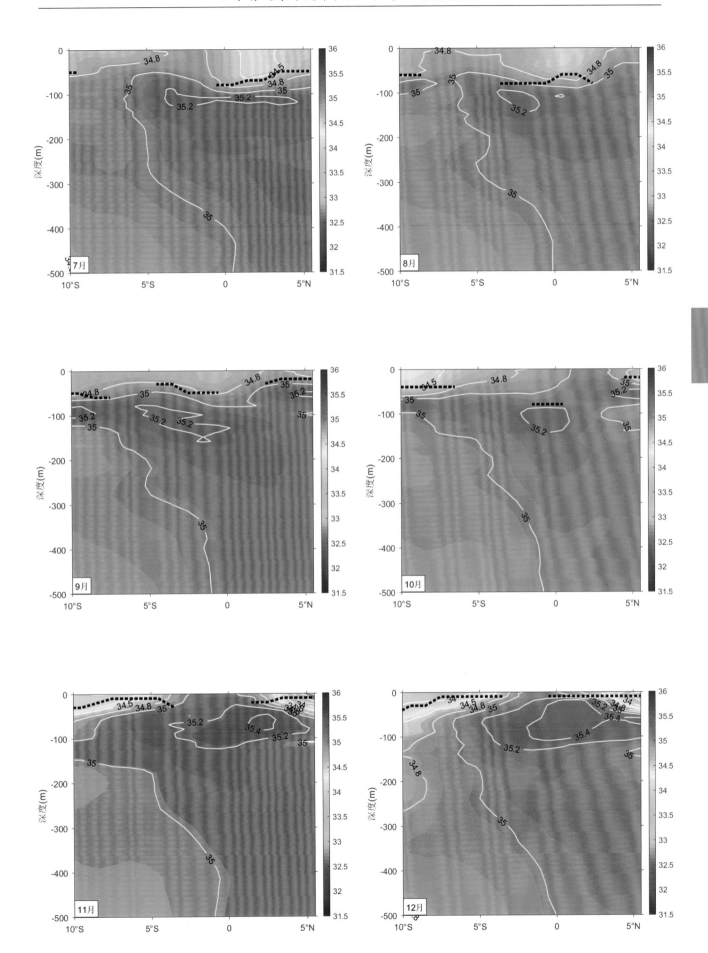

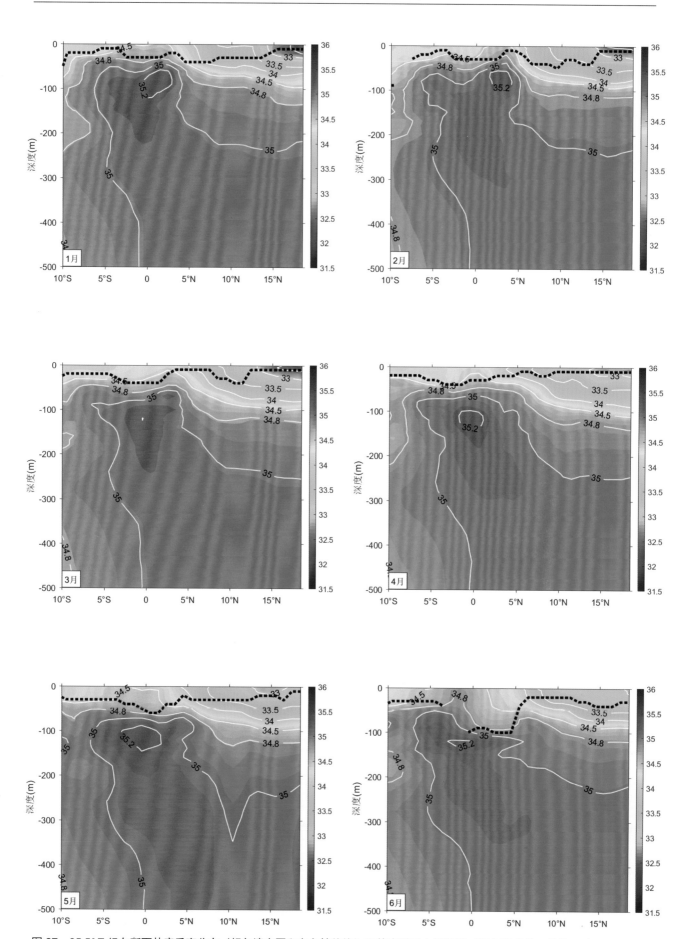

图 27　85.5°E 经向断面盐度垂直分布（颜色填充图和白色等值线）和盐度跃层上界深度（黑色粗虚线，单位：m）

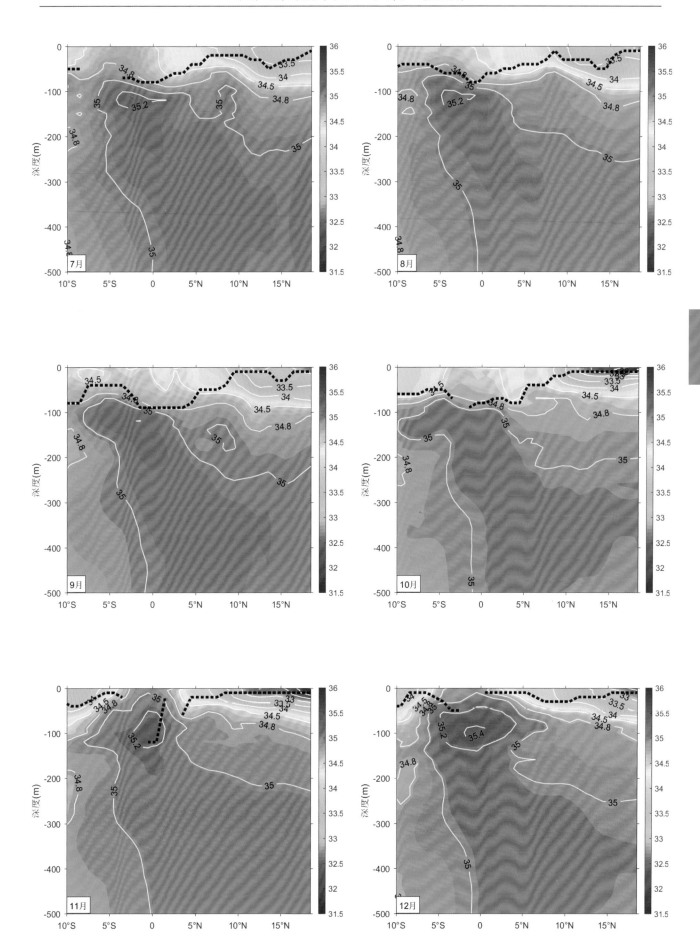

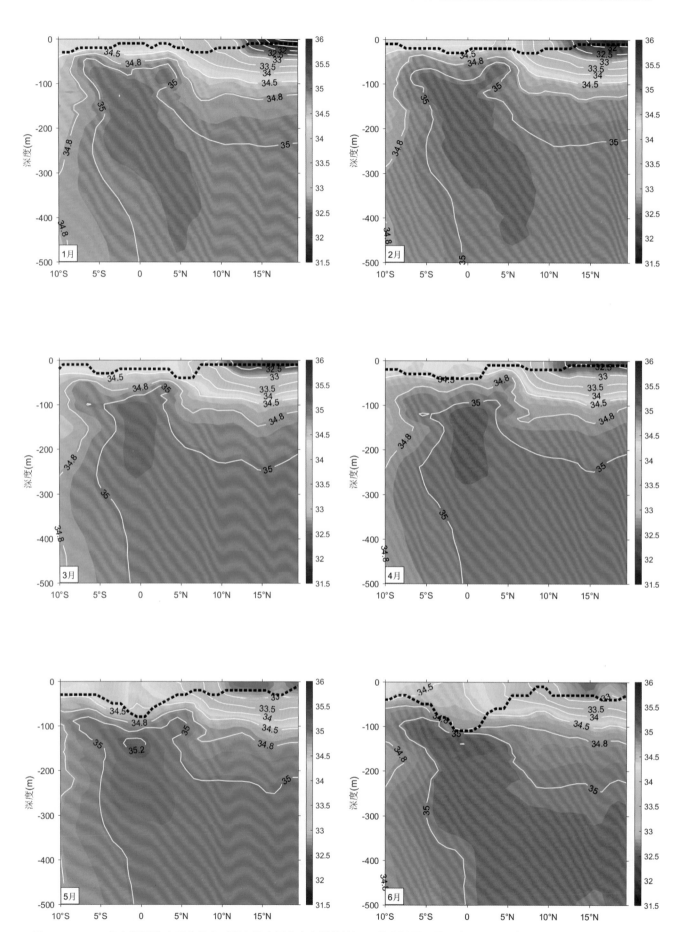

图 28　90.5°E 经向断面盐度垂直分布（颜色填充图和白色等值线）和盐度跃层上界深度（黑色粗虚线，单位：m）

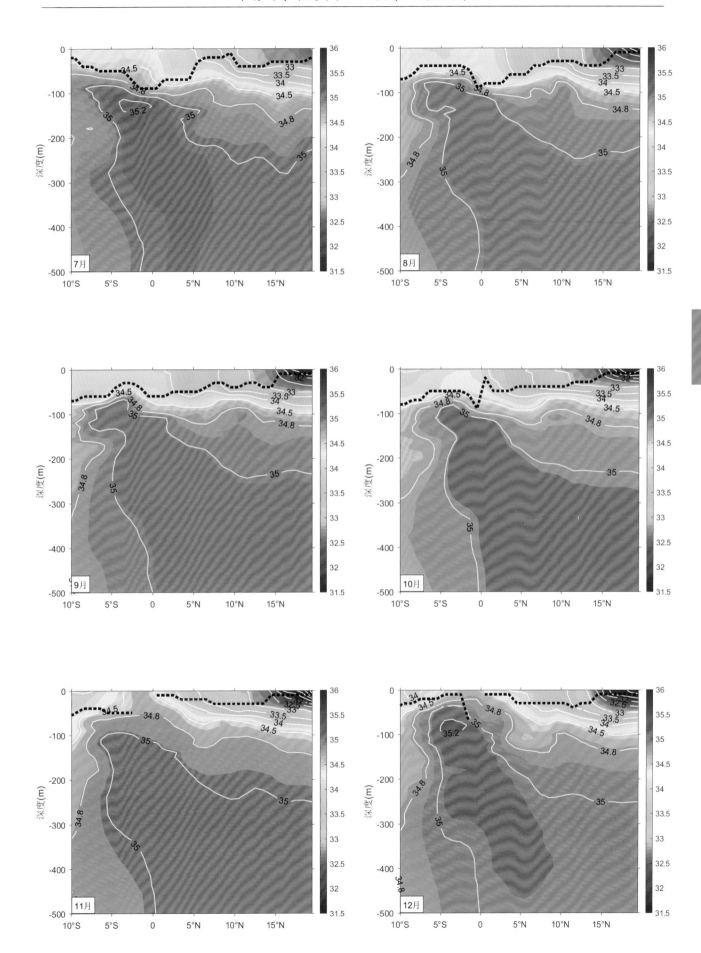

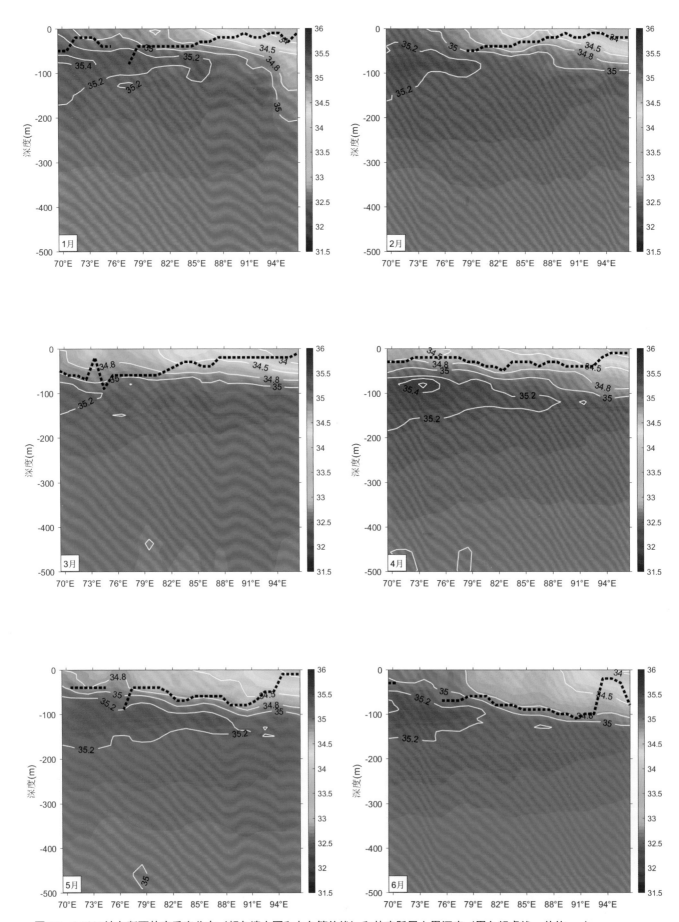

图29　0.5°N 纬向断面盐度垂直分布（颜色填充图和白色等值线）和盐度跃层上界深度（黑色粗虚线，单位：m）

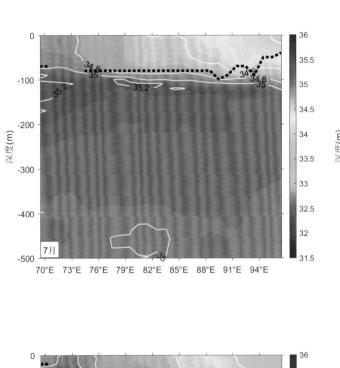

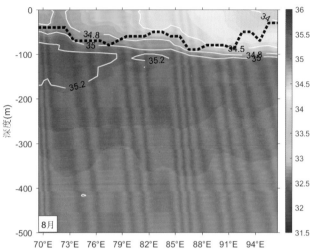

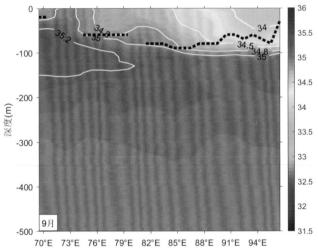

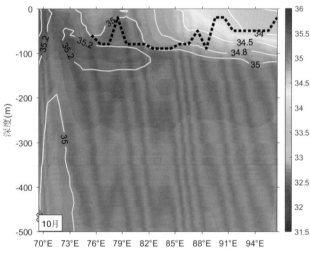

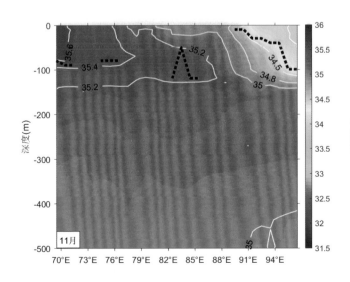

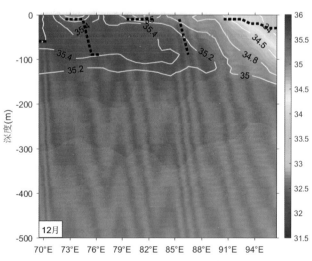

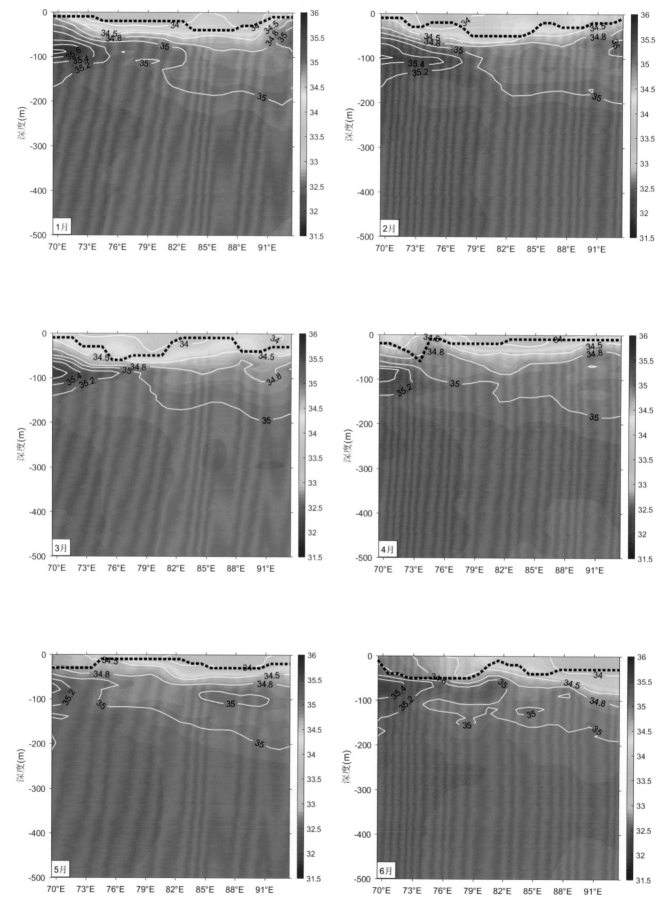

图 30　5.5°N 纬向断面盐度垂直分布（颜色填充图和白色等值线）和盐度跃层上界深度（黑色粗虚线，单位：m）

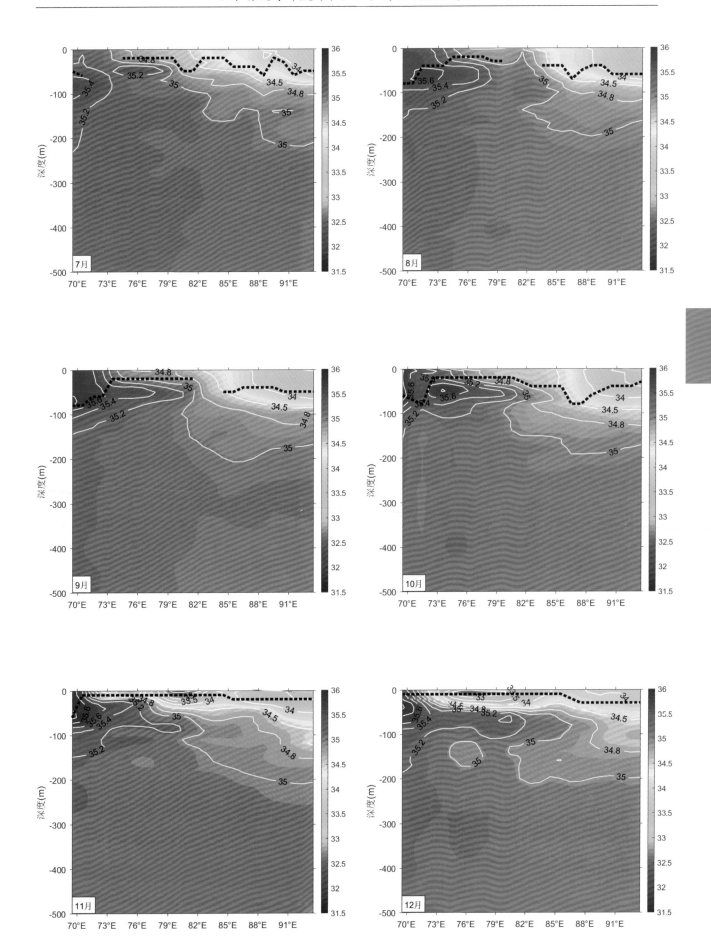

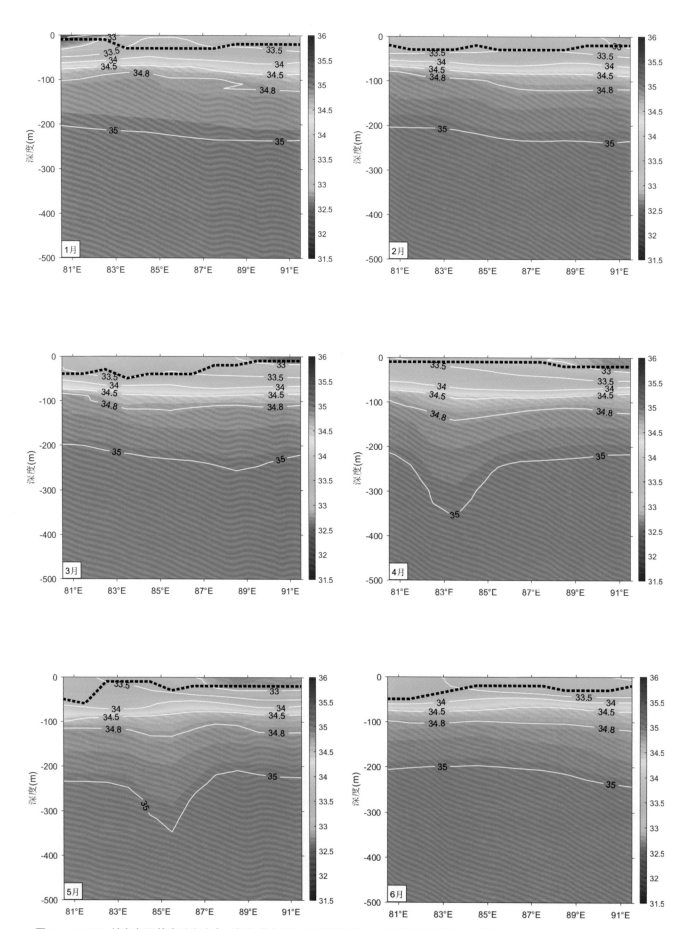

图 31　10.5°N 纬向断面盐度垂直分布（颜色填充图和白色等值线）和盐度跃层上界深度（黑色粗虚线，单位：m）

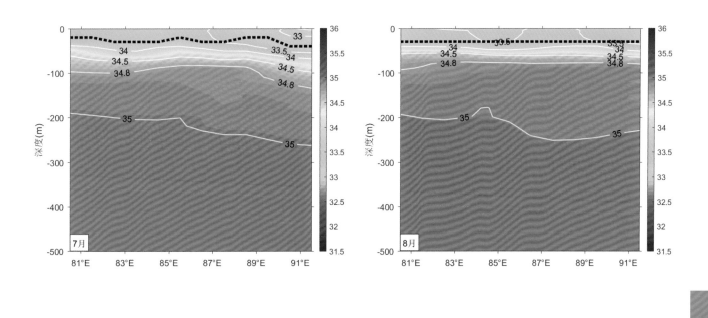

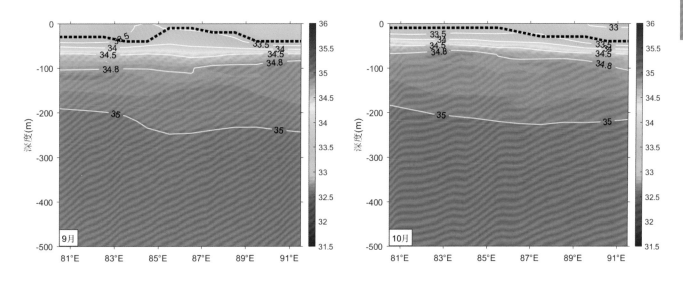

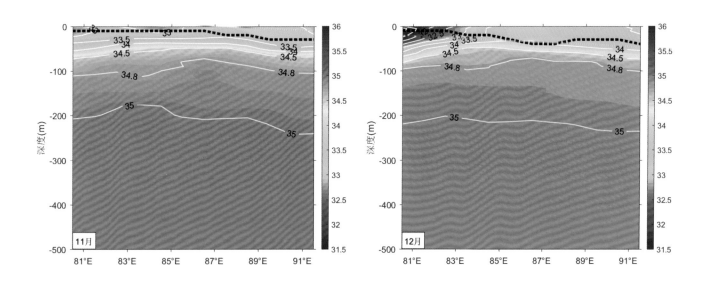

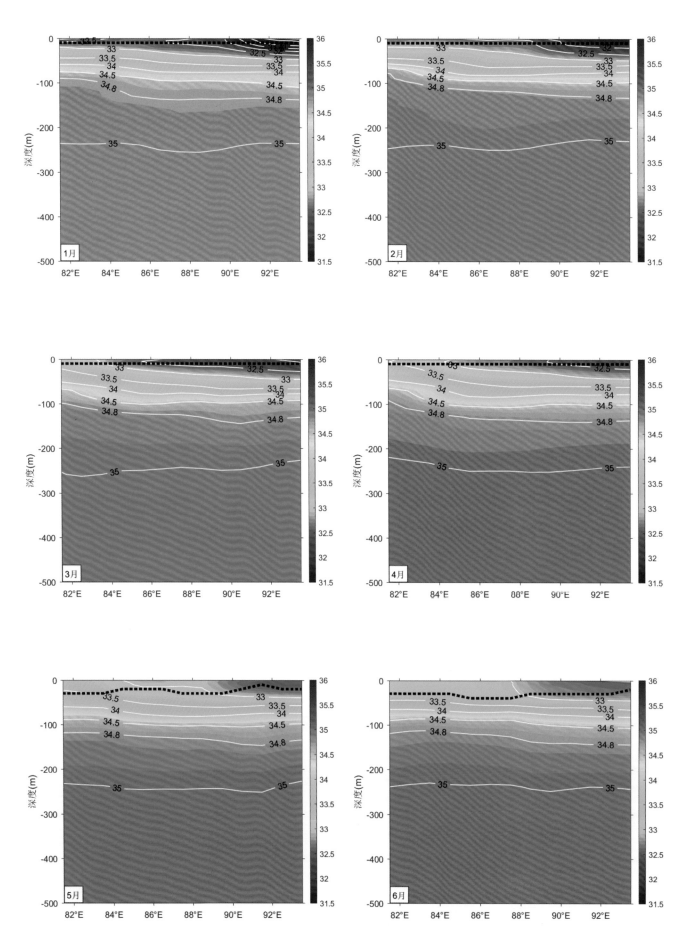

图 32　15.5°N 纬向断面盐度垂直分布（颜色填充图和白色等值线）和盐度跃层上界深度（黑色粗虚线，单位：m）

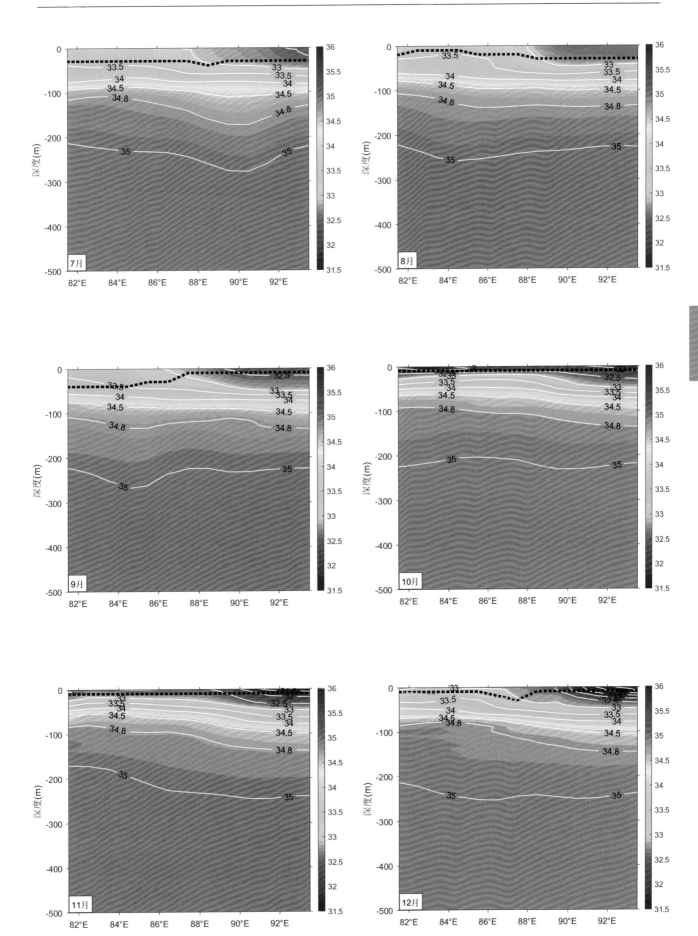

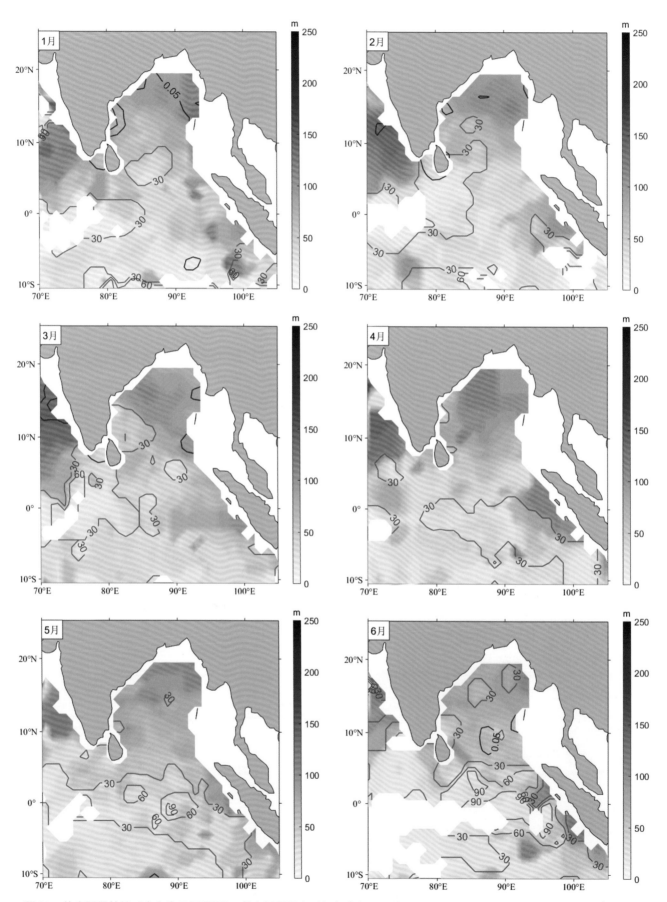

图 33　盐度跃层特性（空白为无跃层区）：盐度跃层厚度（颜色填充图，单位：m）、强度（红色等值线，单位：m⁻¹）和上界深度（灰色等值线，单位：m）

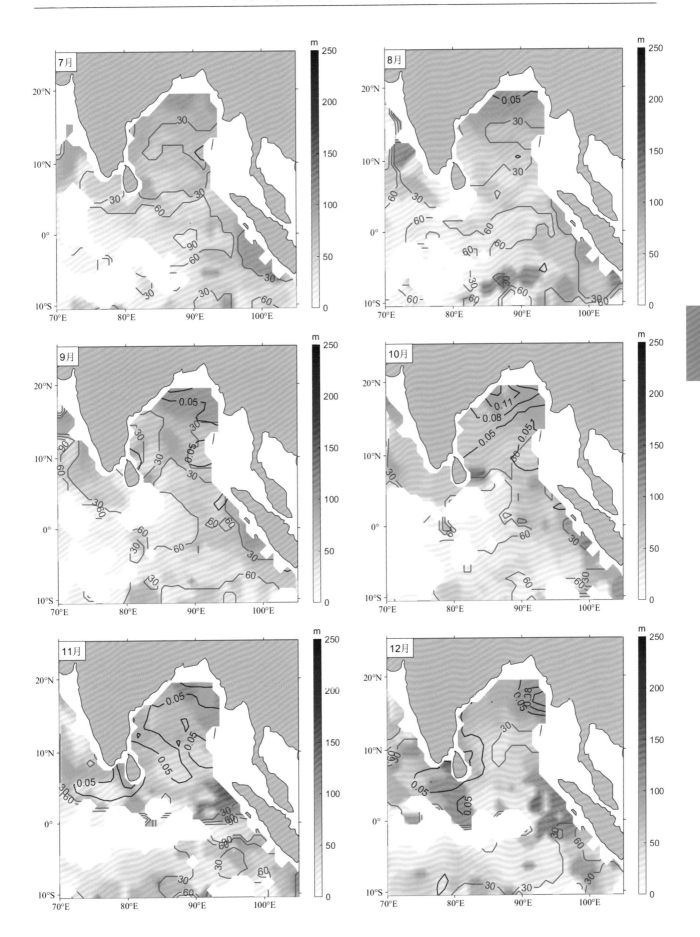

四、赤道东印度洋和孟加拉湾区域密度特征

（一）各层密度平面分布

春季：表层，海水密度最小。孟加拉湾为密度低值区，约 20 kg·m⁻³。苏门答腊岛以西海域密度约 21 kg·m⁻³；在 50 m 层，大片密度低值中心位于航次调查区域，值约 21.5 kg·m⁻³。在 5°—10°S 范围，密度高值区呈纬向带状分布，值约 23.5 kg·m⁻³；在 100 m 层，密度低值区位于孟加拉湾北部和苏门答腊岛以西海域，值约 23 kg·m⁻³。在 5°—10°S 范围存在密度高值区，值约 25 kg·m⁻³；在 150 m 层，密度低值中心位于孟加拉湾和苏门答腊岛以西海域，值约 25 kg·m⁻³。在印度半岛南侧海域，密度最高约 26 kg·m⁻³；在 200 m 层，研究区域密度分布较均匀，值在 26.2 ~ 26.4 kg·m⁻³ 范围，只在孟加拉湾西侧海域存在密度低值中心（约 25.8 kg·m⁻³）；在 300 m 层，季节变化不明显，密度分布较均匀，值约 26.6 ~ 26.7 kg·m⁻³ 范围；在 400 m 层，季节变化不明显，密度分布较均匀，值基本约 26.85 kg·m⁻³。

夏季：表层，孟加拉湾为密度低值区，约 20 kg·m⁻³。密度大值区位于印度半岛西侧海域，约 23 kg·m⁻³。苏门答腊岛以西海域密度约 21 kg·m⁻³；在 50 m 层，密度低值中心位于孟加拉湾和苏门答腊岛以西海域，值约 21 kg·m⁻³。受西南季风影响，高密度水从印度半岛西侧海域绕斯里兰卡岛流进孟加拉湾，值约 23 kg·m⁻³。同时，赤道以南的密度高值区范围开始向北扩展，值约 24 kg·m⁻³；在 100 m 层，印度半岛西侧高密度水绕斯里兰卡岛流进孟加拉湾，使印度半岛周边海域密度大于 24 kg·m⁻³。苏门答腊岛以西海域为密度低值区，约 23 kg·m⁻³；在 150 m 层，研究区域西侧高密度水向东扩展，苏门答腊岛以西海域变成密度高值中心，可达 26 kg·m⁻³。孟加拉湾北部为密度低值中心，值约 25 kg·m⁻³；在 200 m 层，在苏门答腊岛以西海域存在密度高值区，约 26.4 kg·m⁻³。在孟加拉湾区域密度较小，约 26 kg·m⁻³；在 300 m 和 400 m 层，与春季类似。

秋季：表层，孟加拉湾为密度低值区，其北部海域密度最低可小于 19 kg·m⁻³。密度大值区位于印度半岛西侧海域，约 23 kg·m⁻³。苏门答腊岛以西海域密度约 21.5 kg·m⁻³；在 50 m 层，密度分布与夏季类似。赤道以南的密度高值区向北拓展最远至赤道附近，与印度半岛西侧密度高值区基本汇合。在航次调查区域为密度低值区，值最小约 21 kg·m⁻³；在 100 m 层，密度大值区位于印度半岛西侧和南侧海域，值大于 25 kg·m⁻³。在航次调查区域，密度约 24 kg·m⁻³；在 150 m 层，与夏季类似，高密度水范围继续扩大，基本覆盖了孟加拉湾区域。在印度半岛西南侧有个密度低值中心，猜测是海洋动力过程引起的该异常；在 200 m 层，与夏季类似。在印度半岛西南侧海域，于 10 月同样存在密度低值中心，约 25 kg·m⁻³；在 300 m 和 400 m 层，与春季类似。

冬季：表层，受东北季风影响，孟加拉湾的低密度水绕过斯里兰卡岛往印度半岛西侧海域扩展最远，使孟加拉湾和斯里兰卡岛周边海域均为低密度区，最低小于 19 kg·m⁻³。苏门答腊岛以西海域密度约 21 kg·m⁻³；在 50 m 层，与春季类似。赤道以南的密度高值区南撤回 8°S 附近，呈纬向带状分布，值约 23 kg·m⁻³。在航次调查区域，为密度低值区，值最小约 21 kg·m⁻³；在 100 m 层，赤道以北区域的密度分布较均匀，约 24 kg·m⁻³；在 150 m 层，密度低值中心位于孟加拉湾，值约 25 kg·m⁻³。其他海域基本为高密度水，平均约 25.5 kg·m⁻³，最高约 26 kg·m⁻³。在 200 m 层，与夏季类似；在 300 m 和 400 m 层，与春季类似（详情请参见图 34 至图 40）。

（二）各断面密度垂直分布和密度跃层上界深度

经向断面特征：各断面密度垂直分布的季节变化不明显，等值线基本与经向平行。跃层上界深度较浅（约25 m），在夏、秋季在赤道附近会有加深现象（约50 m）。① 80.5°E断面，海水密度随海水深度加深而增大。从海表到150 m深度，密度从22 kg·m^{-3}增大到26 kg·m^{-3}，然后随深度加深维持在26 kg·m^{-3}左右；② 85.5°E断面，与80.5°E断面类似。在10°—15°N范围为孟加拉湾区域，存在密度低值中心，最小约20 kg·m^{-3}；③ 90.5°E断面，从海表到200 m，密度从22 kg·m^{-3}左右增大到约26 kg·m^{-3}，然后随深度加深维持在26 kg·m^{-3}左右（详情请参见图41至图43）。

纬向断面特征：各断面密度垂直分布的季节变化不明显。①跃层上界深度随纬度增高而变浅，在0.5°N断面是最深（约50 m），在夏、秋季会加深至约100 m；②在0.5°N和5.5°N断面，海水密度随海水深度加深而增大。从海表到150 m深度，密度从21 kg·m^{-3}左右增大到约26 kg·m^{-3}，然后随深度加深维持在26 kg·m^{-3}左右；③在10.5°N和15.5°N断面，从海表到200 m深度，密度从20 kg·m^{-3}左右增大到约26 kg·m^{-3}，然后随深度加深维持在26 kg·m^{-3}左右。跃层上界深度也更浅，为0～50 m范围（详情请参见图44至图47）。

（三）密度跃层特性

一般密度跃层伴随水温跃层出现，密度跃层与水温跃层情况有点类似。

春季：在赤道附近、孟加拉湾和苏门答腊岛以西海域的跃层强度较强，值约0.1 kg·m^{-4}。跃层厚度在孟加拉湾和苏门答腊岛以西海域最大，可达220 m。上界深度在孟加拉湾一般为20 m左右，在苏门答腊岛以西海域可达60 m。

夏季：在赤道附近、苏门答腊岛以西海域的跃层强度较强，值约0.1 kg·m^{-4}。在孟加拉湾，上界深度约20 m，厚度约150～200 m。在赤道附近和苏门答腊岛以西海域，上界深度最深，平均约50 m，最深约80 m，跃层厚度最小约90 m。

秋季：与夏季类似。密度跃层在赤道附近、孟加拉湾和苏门答腊岛以西海域较强。在孟加拉湾，跃层强度最大约0.05 kg·m^{-4}，上界深度较浅约20 m，跃层厚度约200 m。在苏门答腊岛以西海域，跃层强度最大约0.1 kg·m^{-4}，上界深度约50 m，最深约80 m，跃层厚度约100 m。

冬季：密度跃层现象明显，强跃层区和秋季分布类似。在孟加拉湾，跃层强度约0.05 kg·m^{-4}，上界深度约20～40 m，厚度约220 m；在苏门答腊岛以西海域，跃层强度最大约0.1 kg·m^{-4}，上界深度约50 m，厚度约200 m（详情请参见图48）。

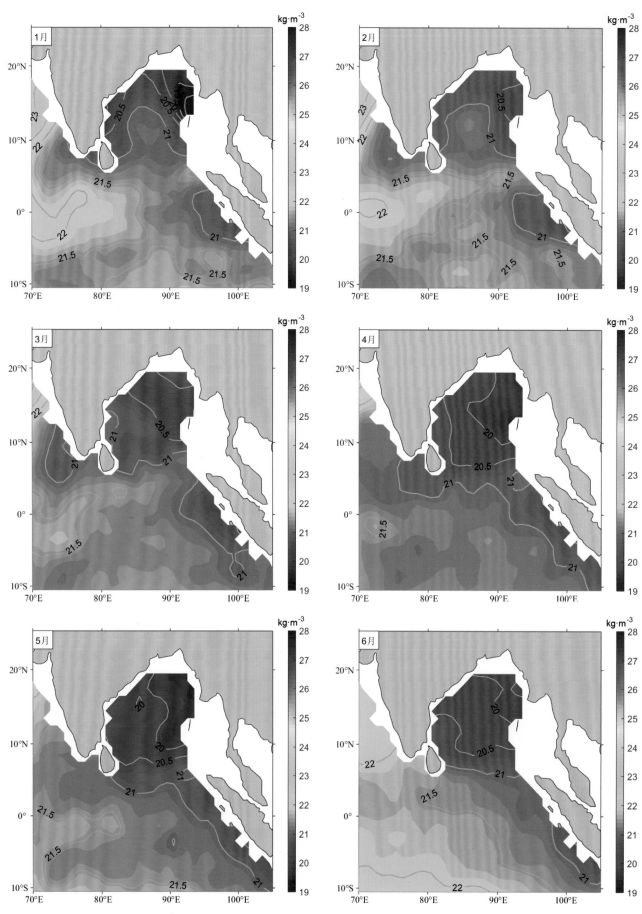

图34　表层密度（单位：kg·m^{-3}）

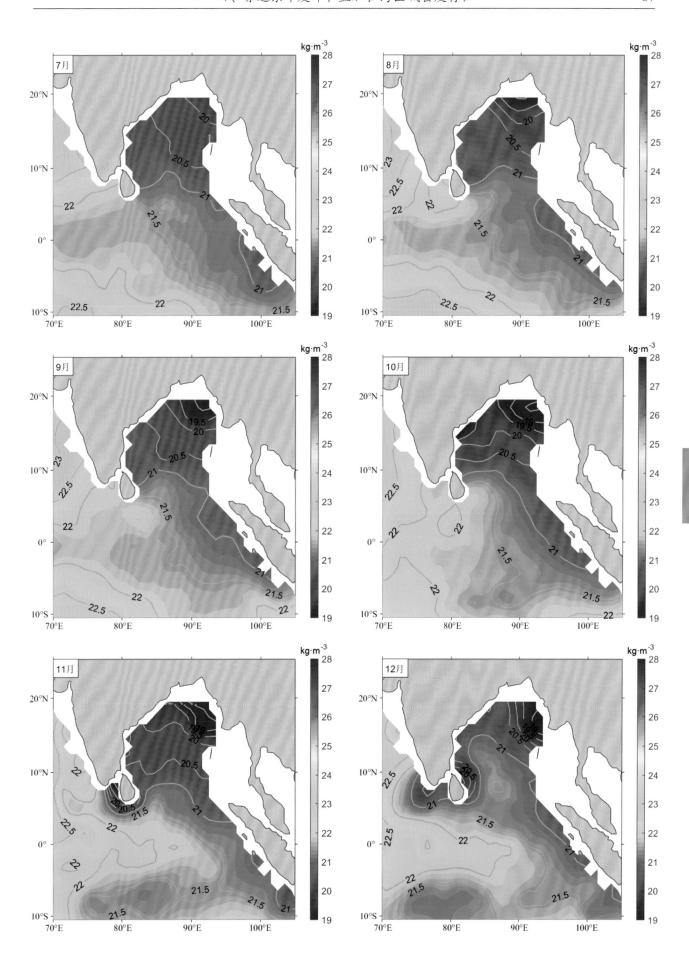

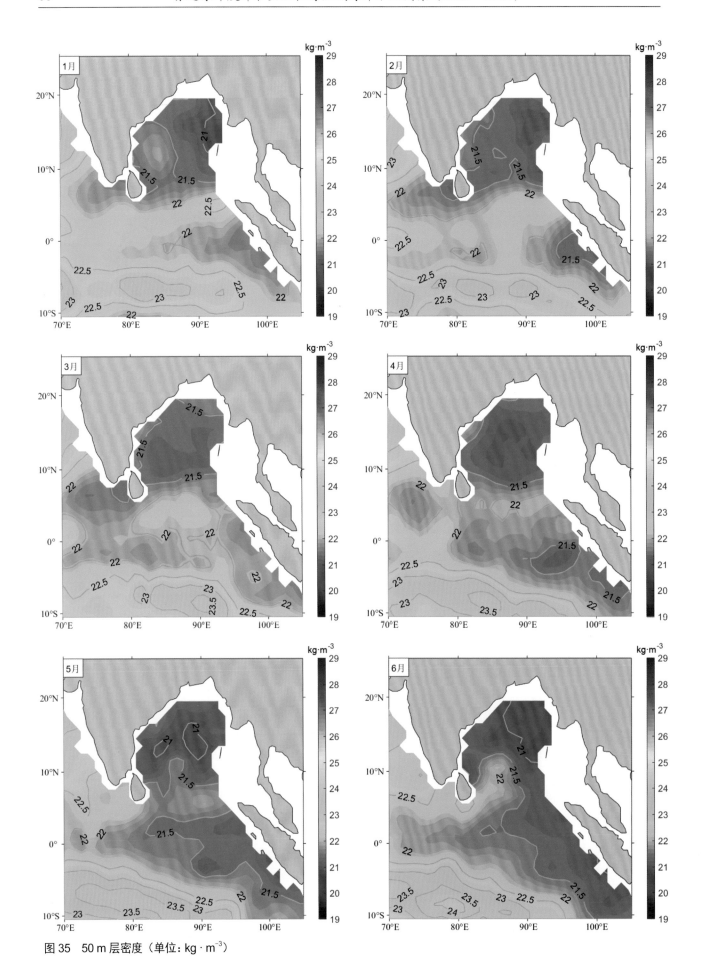

图 35　50 m 层密度（单位：kg·m⁻³）

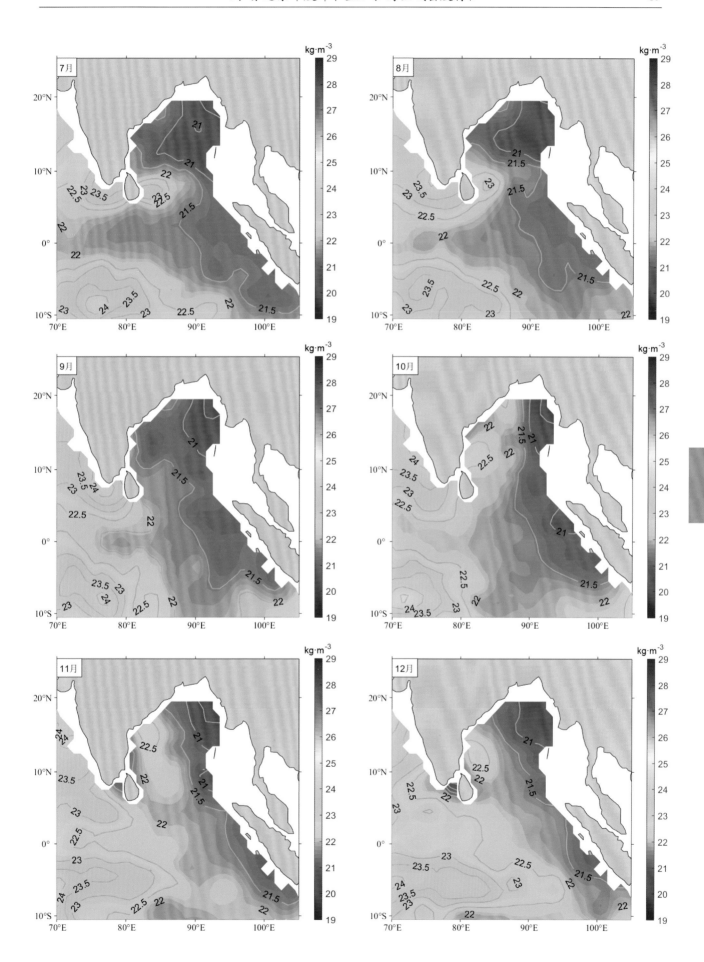

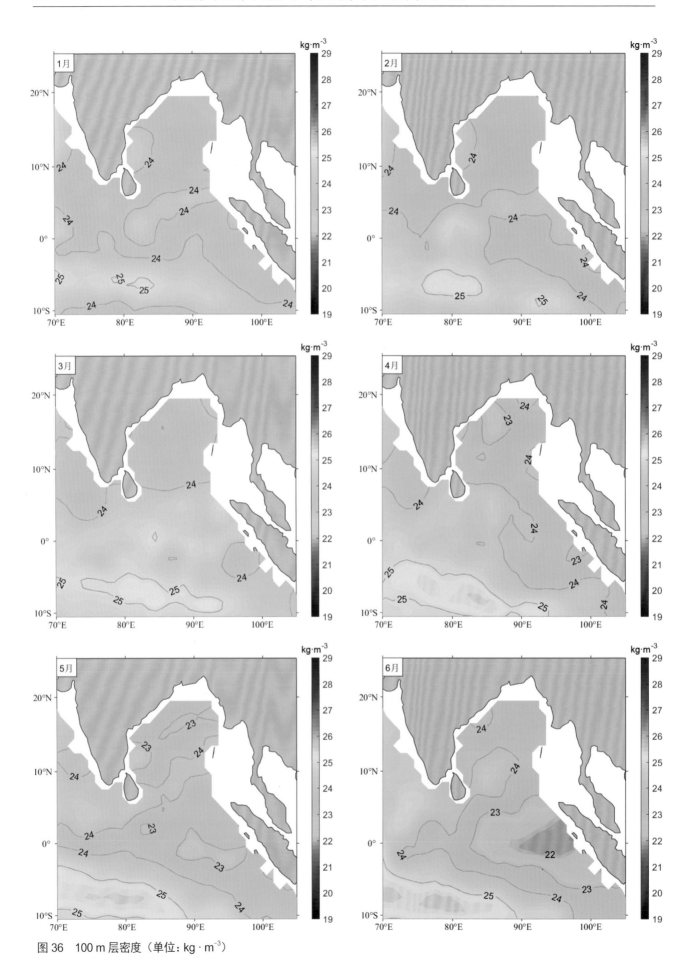

图 36　100 m 层密度（单位：kg·m⁻³）

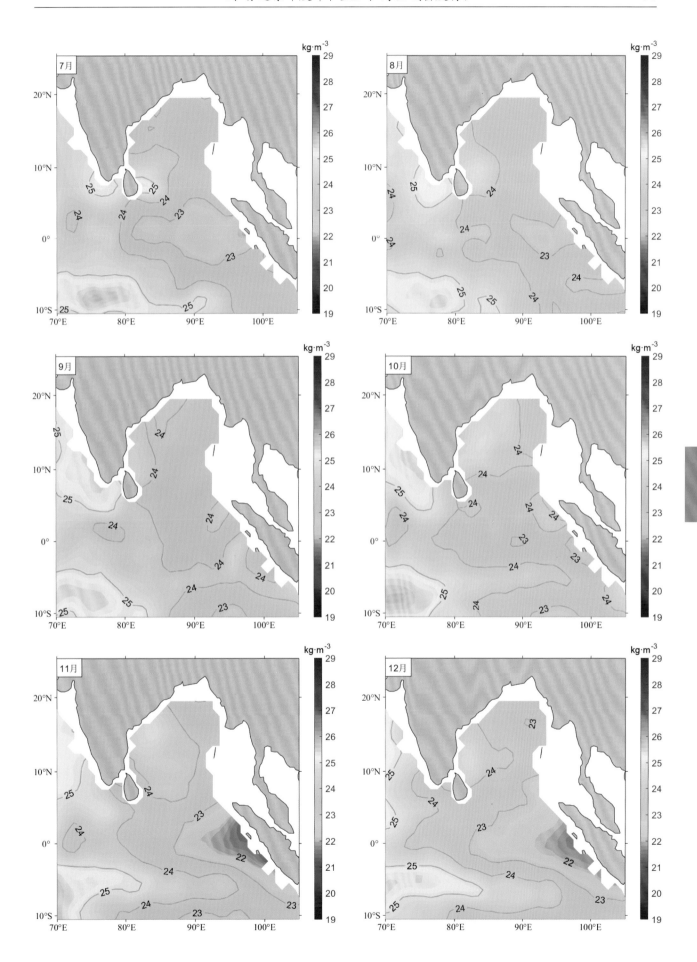

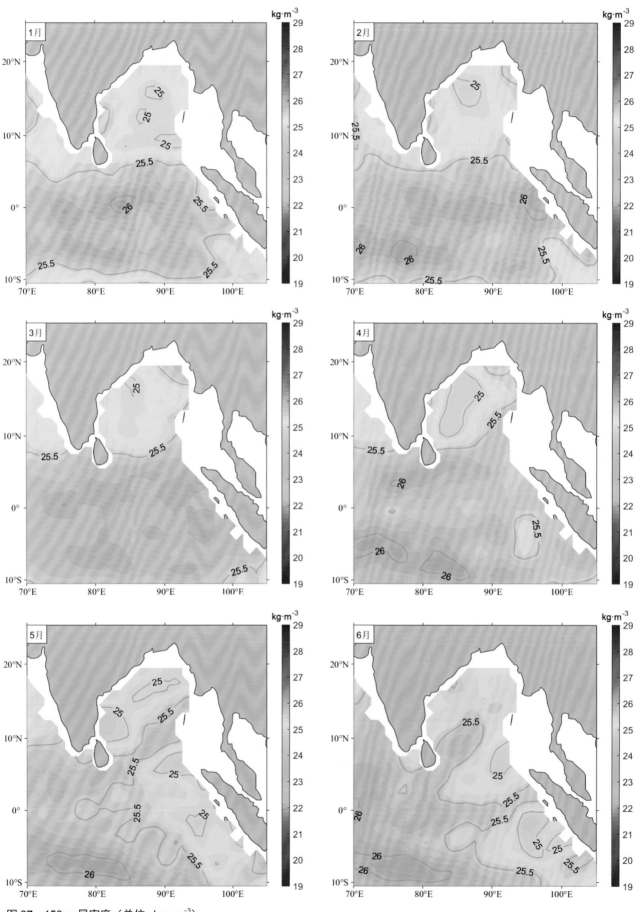

图 37　150 m 层密度（单位：kg·m⁻³）

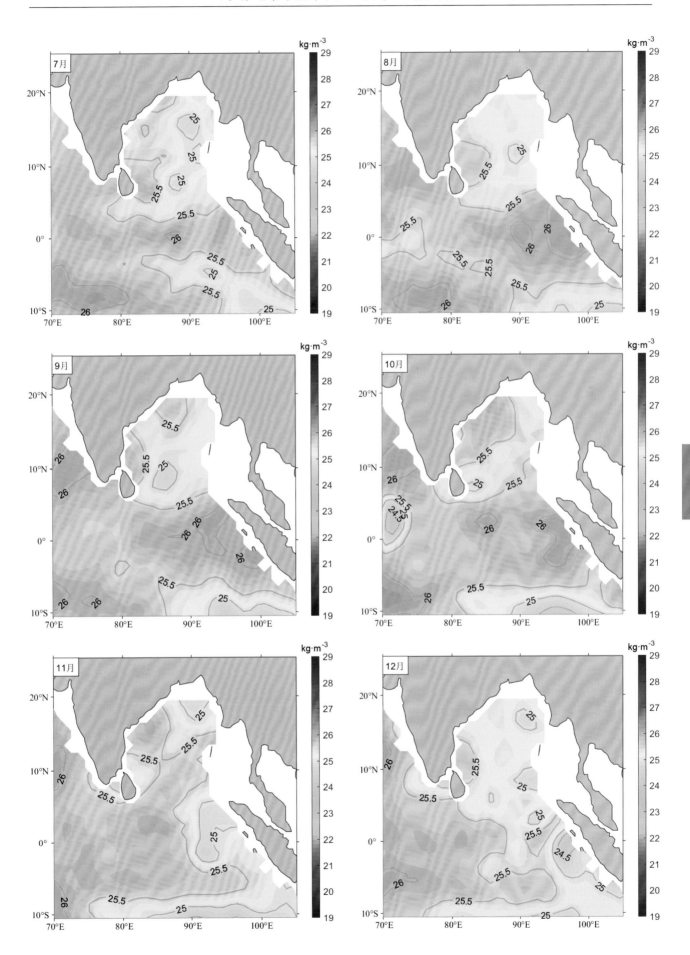

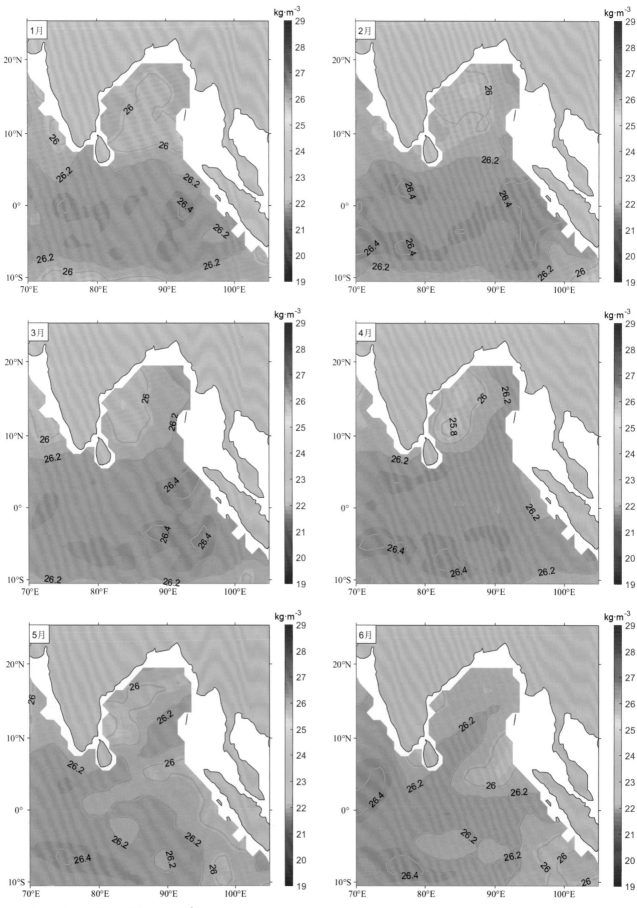

图38　200 m 层密度（单位：kg·m⁻³）

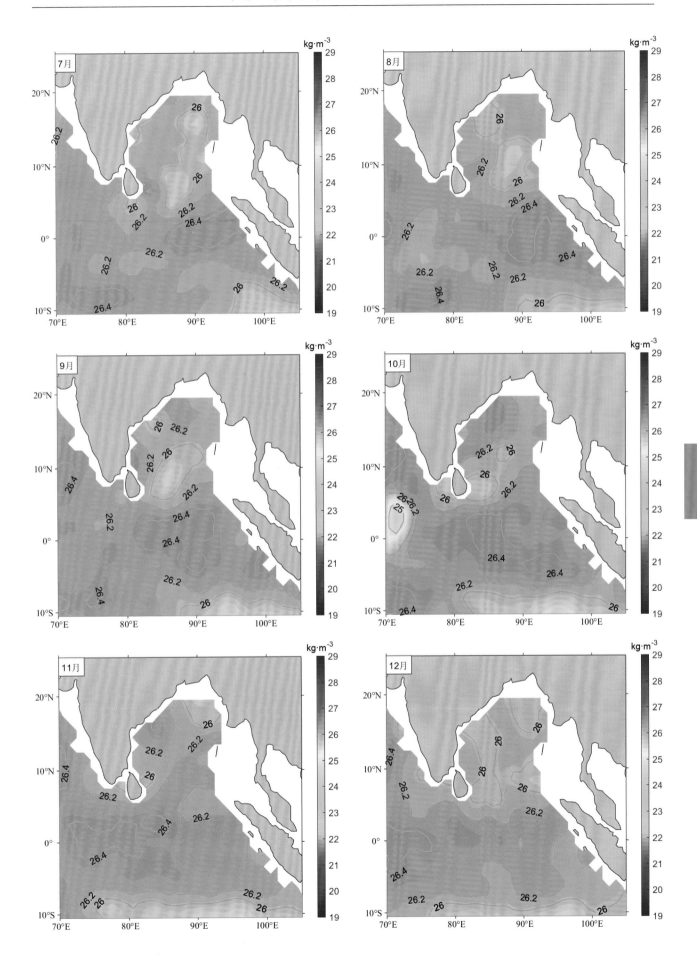

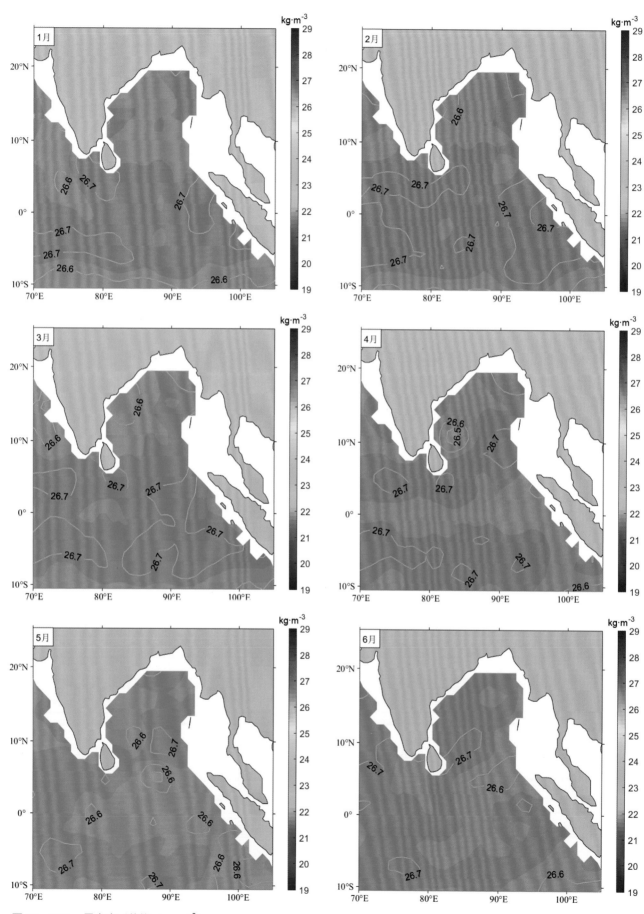

图39　300 m层密度（单位：kg·m⁻³）

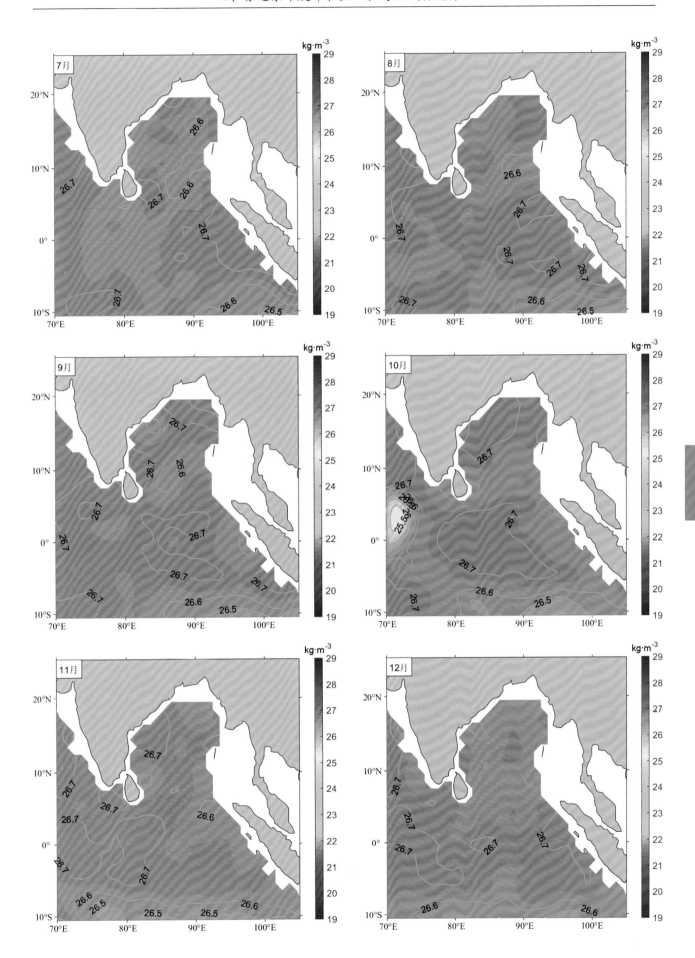

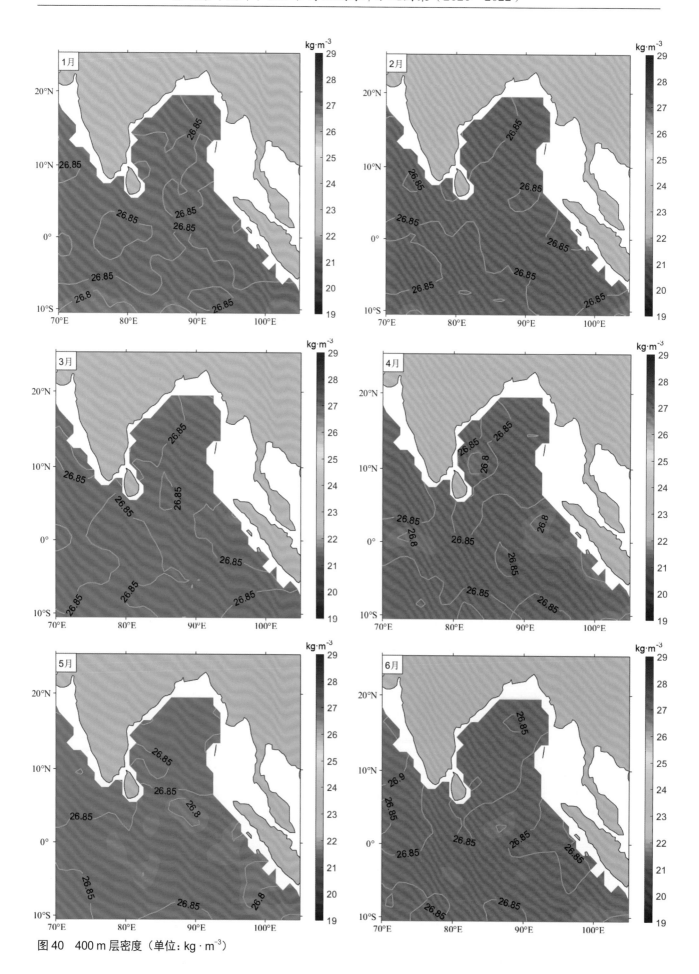

图40　400 m层密度（单位：kg·m⁻³）

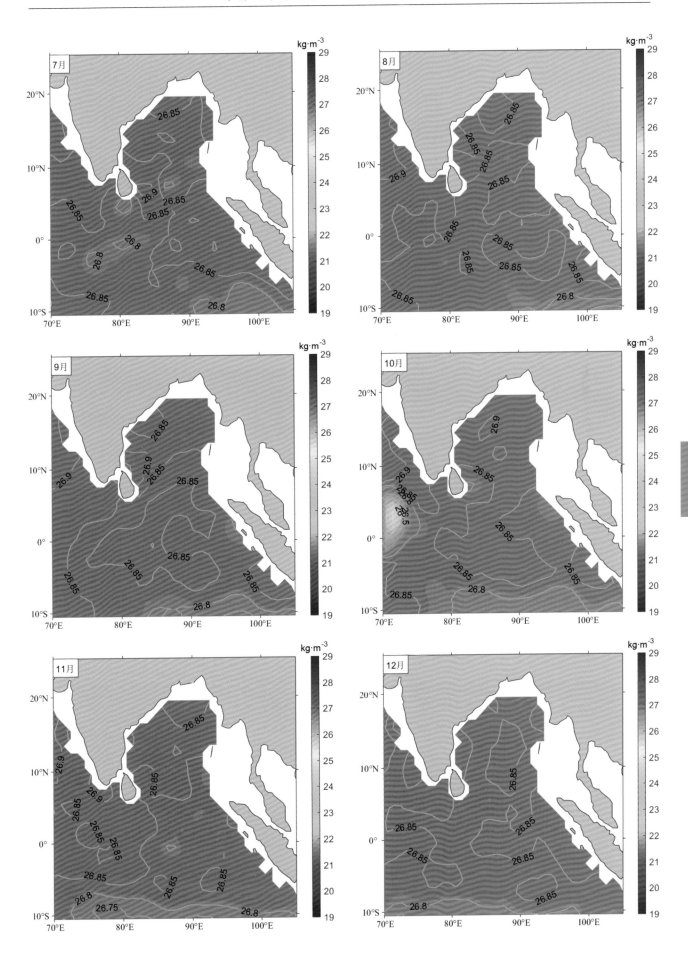

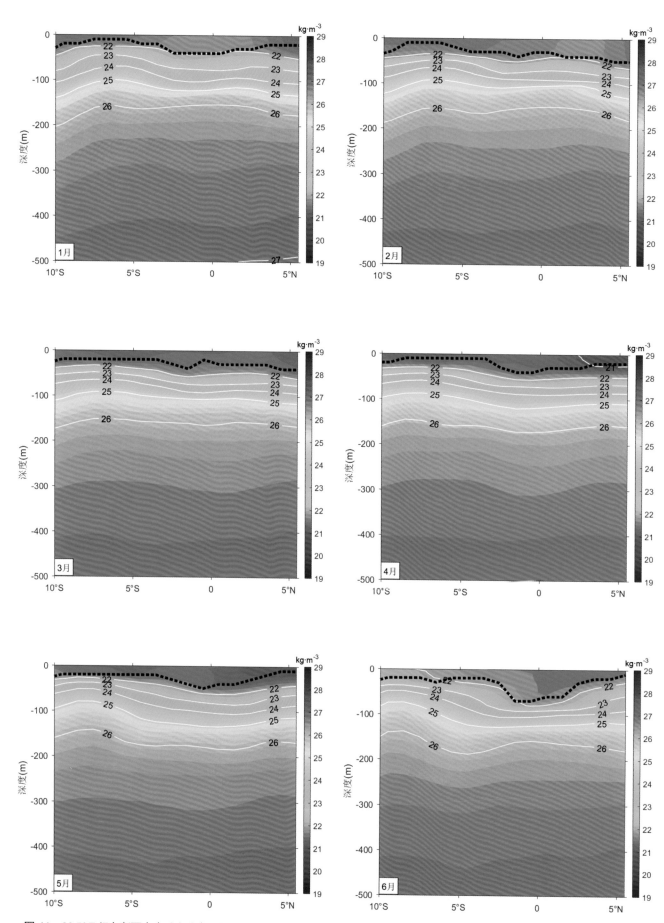

图 41　80.5°E 经向断面密度垂直分布（颜色填充图和白色等值线，单位：kg·m⁻³）和密度跃层上界深度（黑色粗虚线，单位：m）

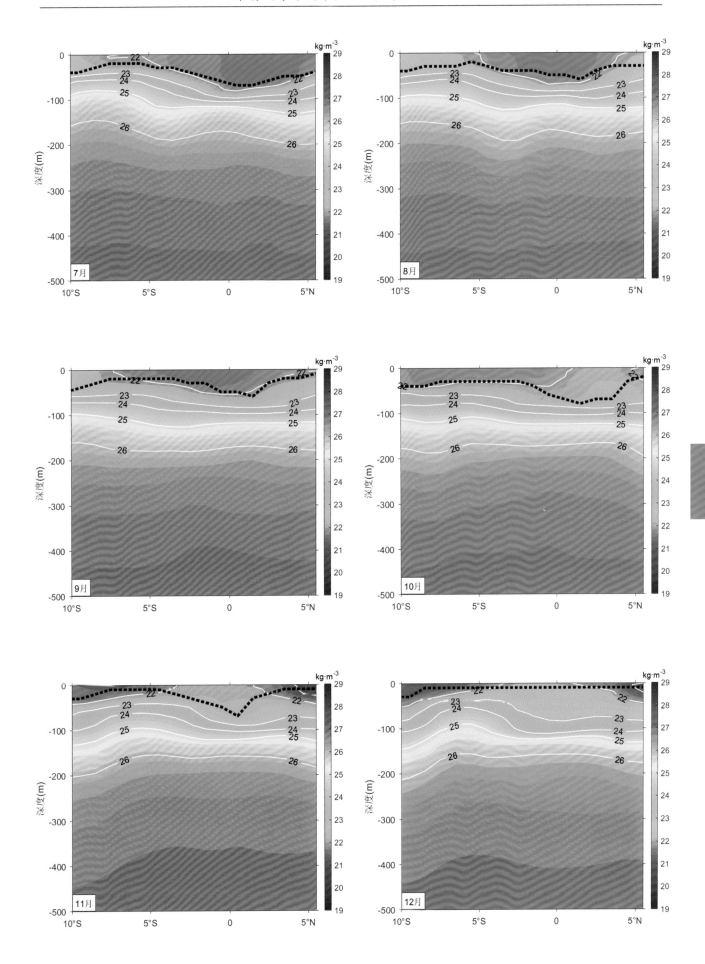

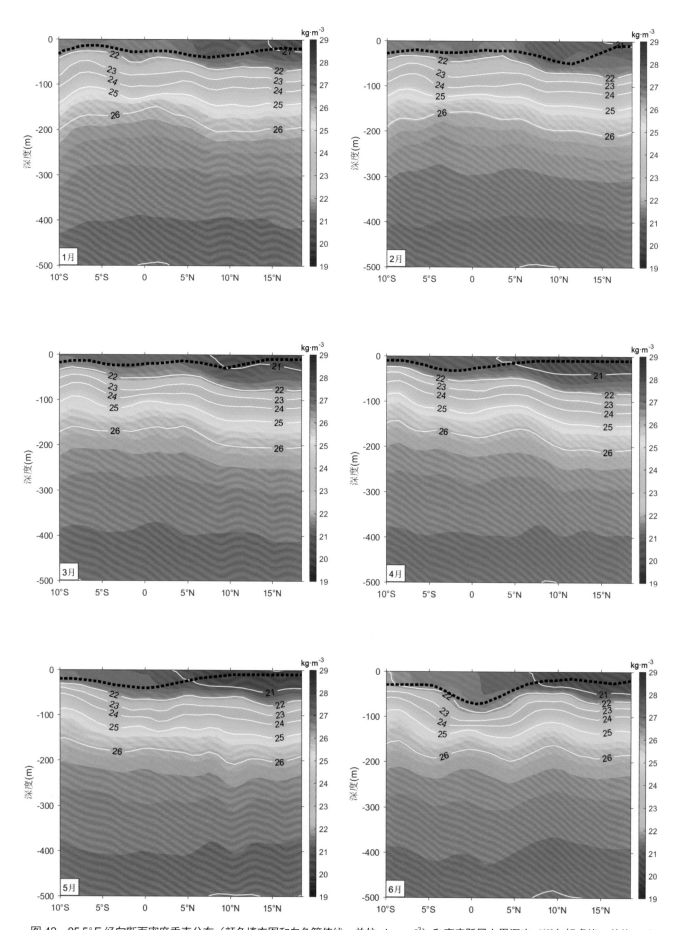

图 42　85.5°E 经向断面密度垂直分布（颜色填充图和白色等值线，单位：kg·m⁻³）和密度跃层上界深度（黑色粗虚线，单位：m）

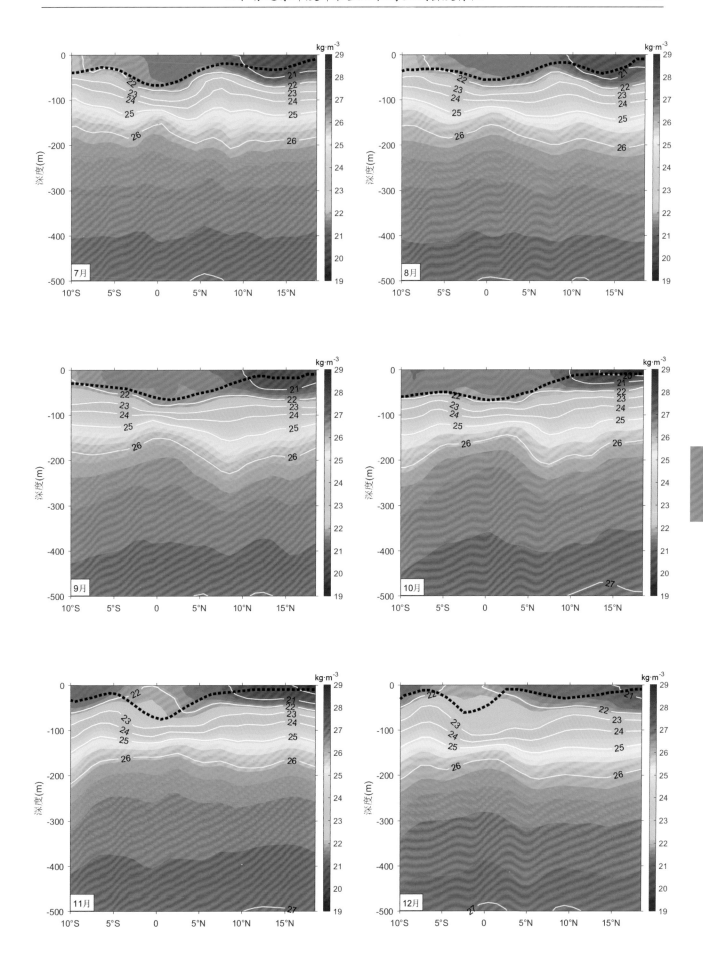

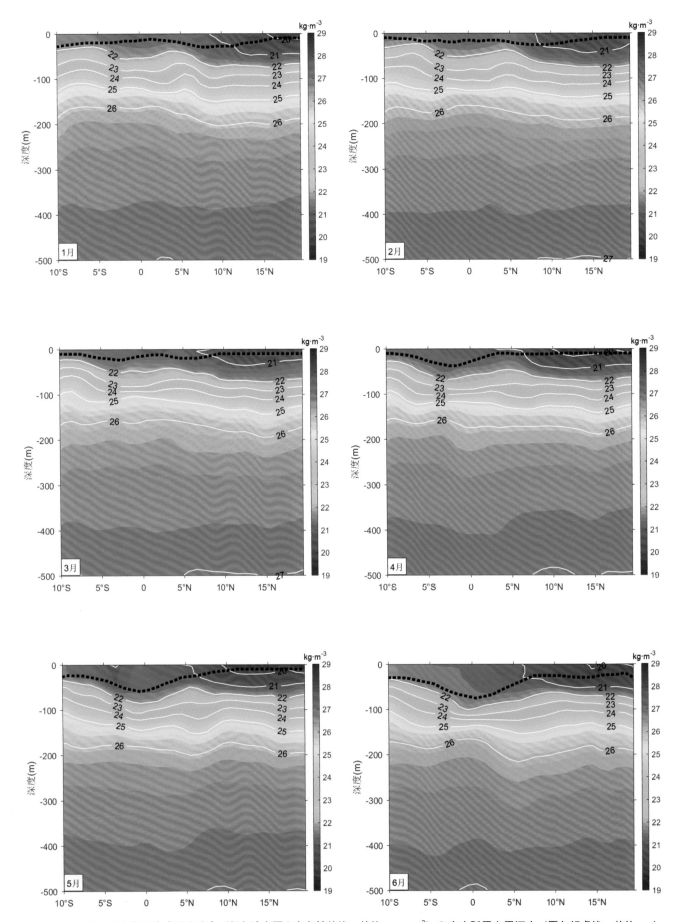

图 43　90.5°E 经向断面密度垂直分布（颜色填充图和白色等值线，单位：kg·m⁻³）和密度跃层上界深度（黑色粗虚线，单位：m）

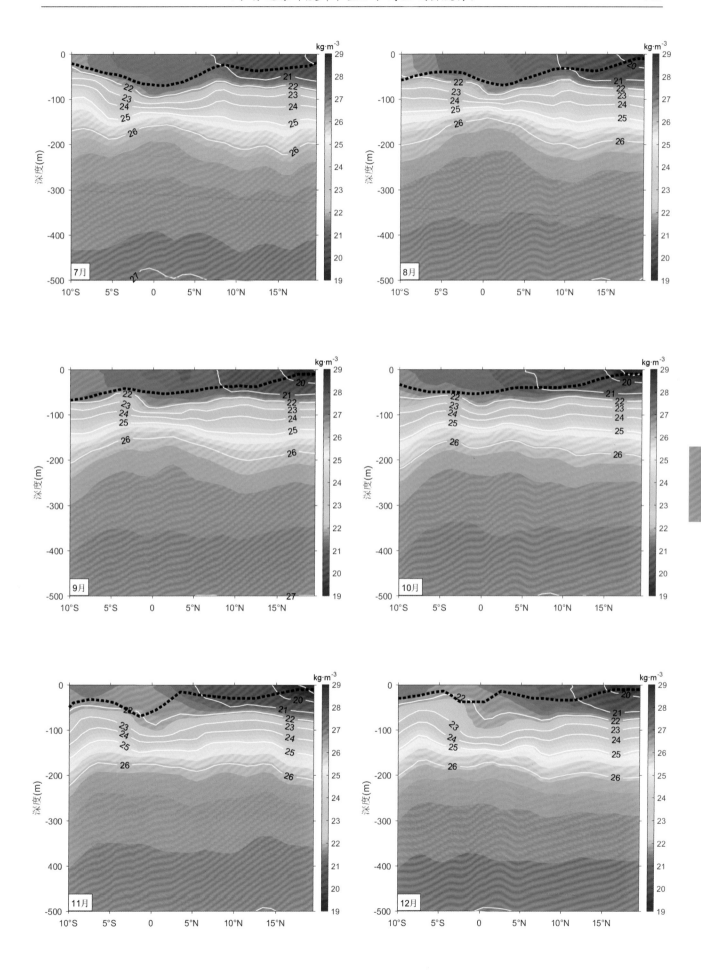

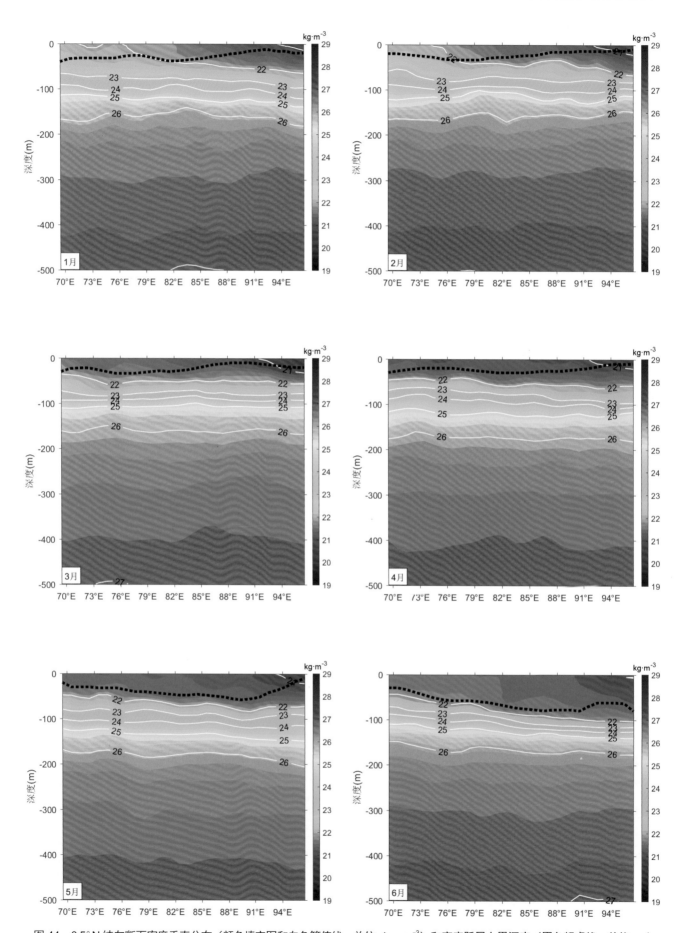

图 44　0.5°N 纬向断面密度垂直分布（颜色填充图和白色等值线，单位：kg·m⁻³）和密度跃层上界深度（黑色粗虚线，单位：m）

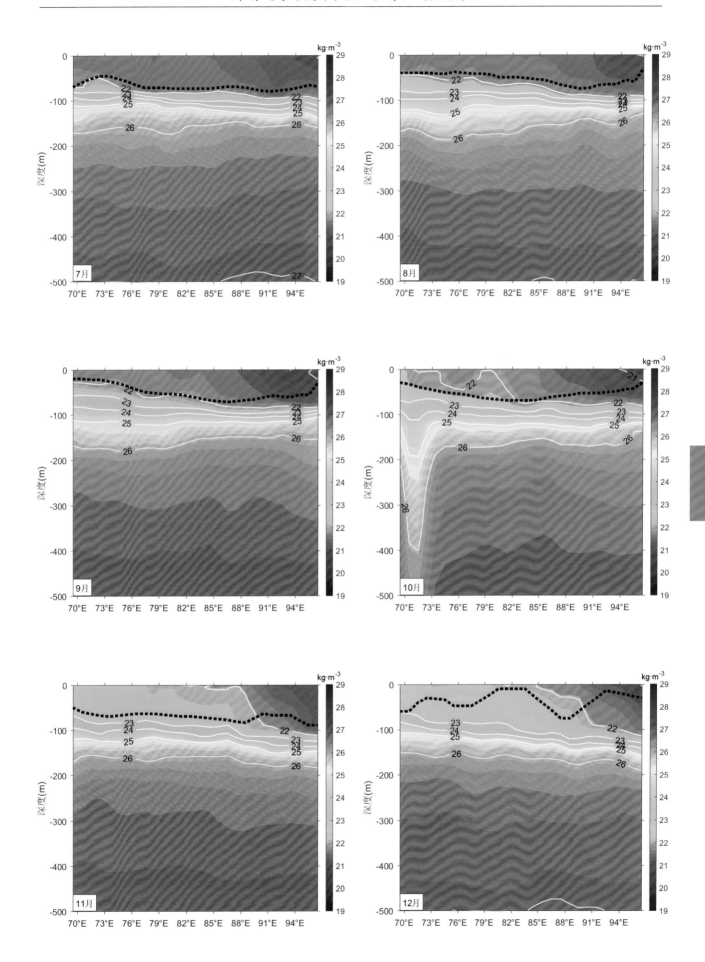

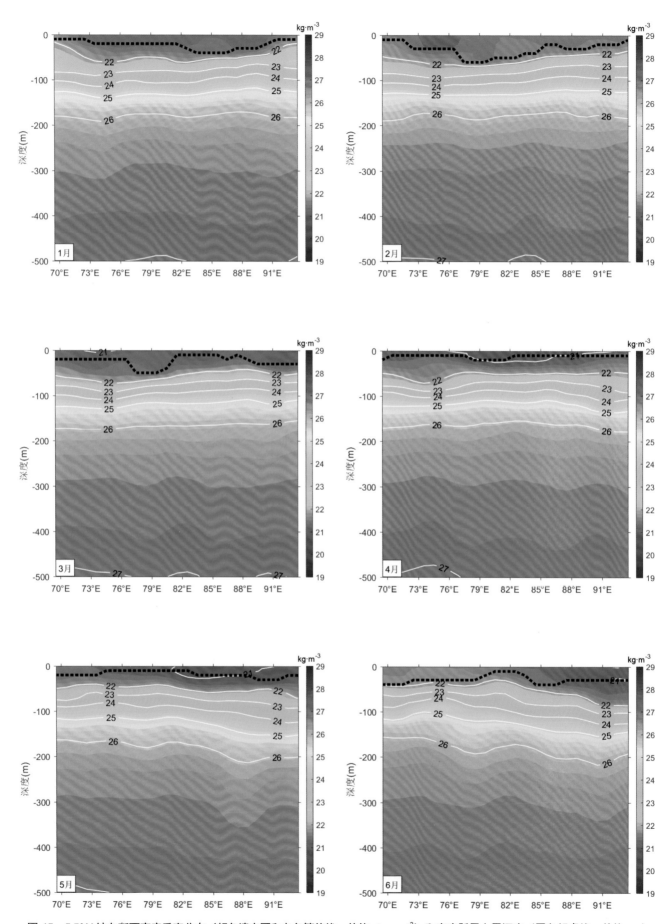

图 45　5.5°N 纬向断面密度垂直分布（颜色填充图和白色等值线，单位：kg·m⁻³）和密度跃层上界深度（黑色粗虚线，单位：m）

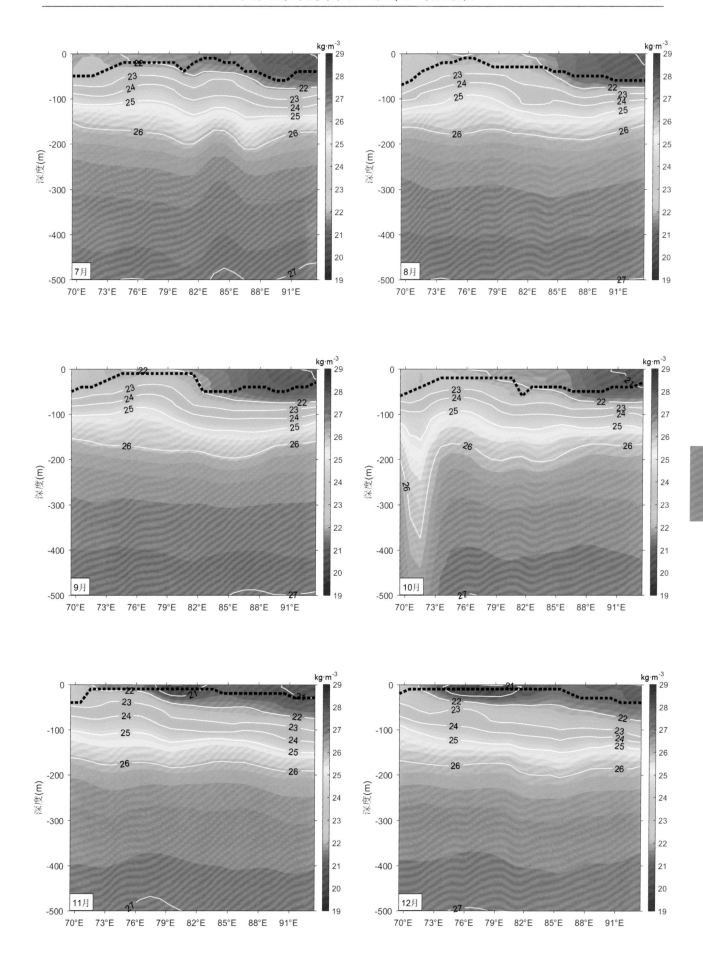

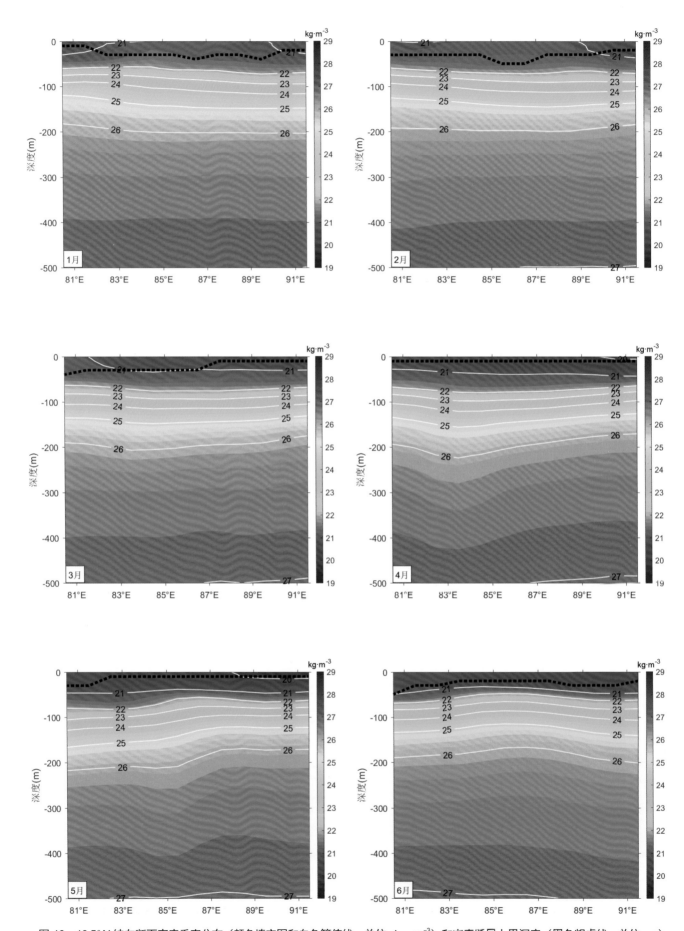

图46　10.5°N纬向断面密度垂直分布（颜色填充图和白色等值线，单位：kg·m⁻³）和密度跃层上界深度（黑色粗虚线，单位：m）

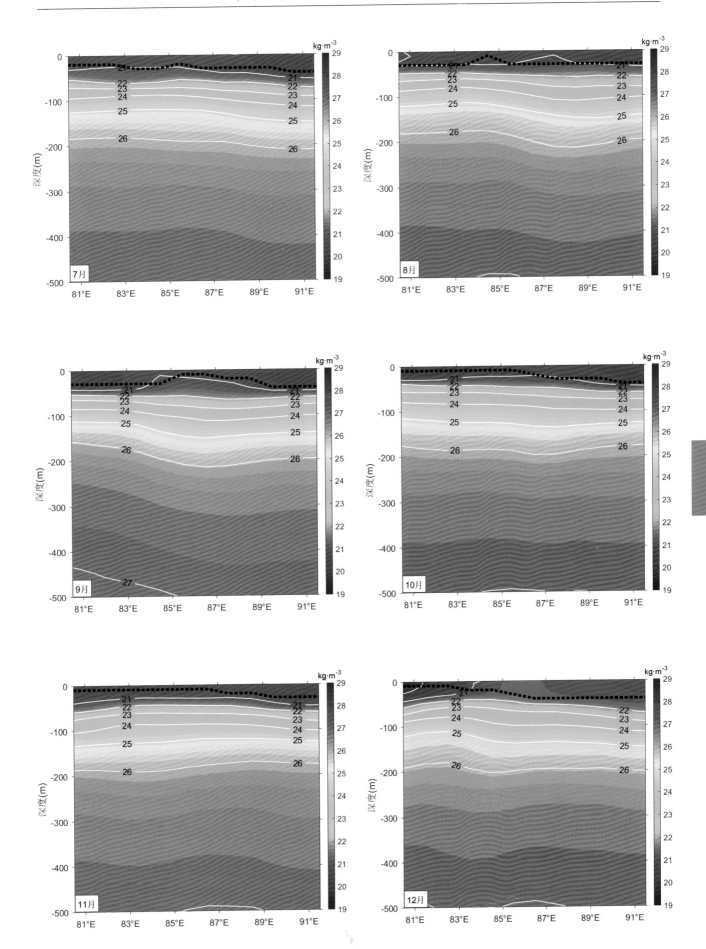

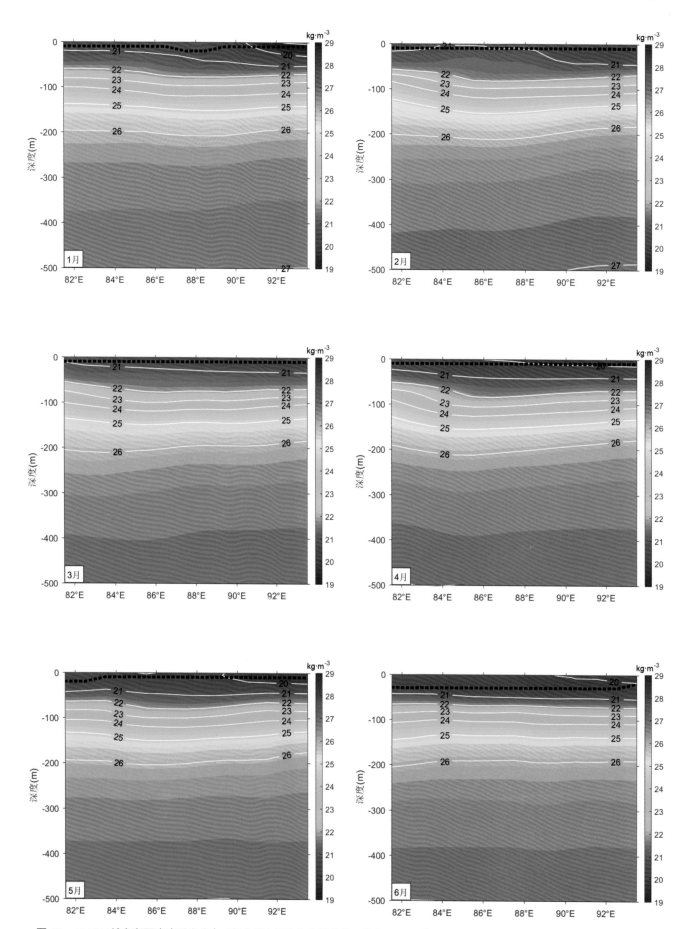

图 47　15.5°N 纬向断面密度垂直分布（颜色填充图和白色等值线，单位：kg·m⁻³）和密度跃层上界深度（黑色粗虚线，单位：m）

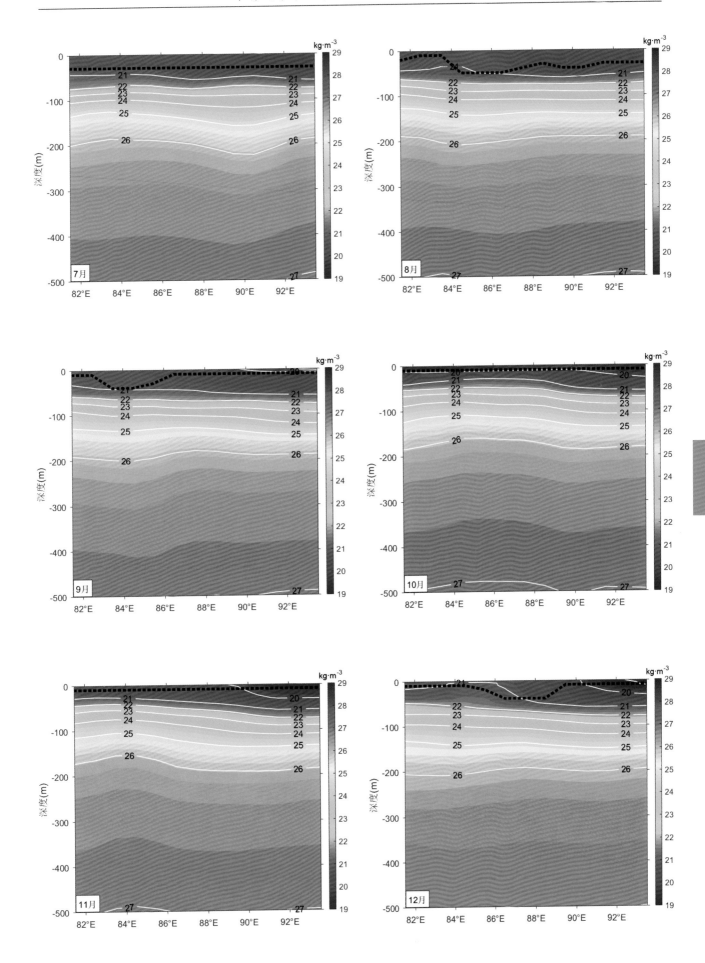

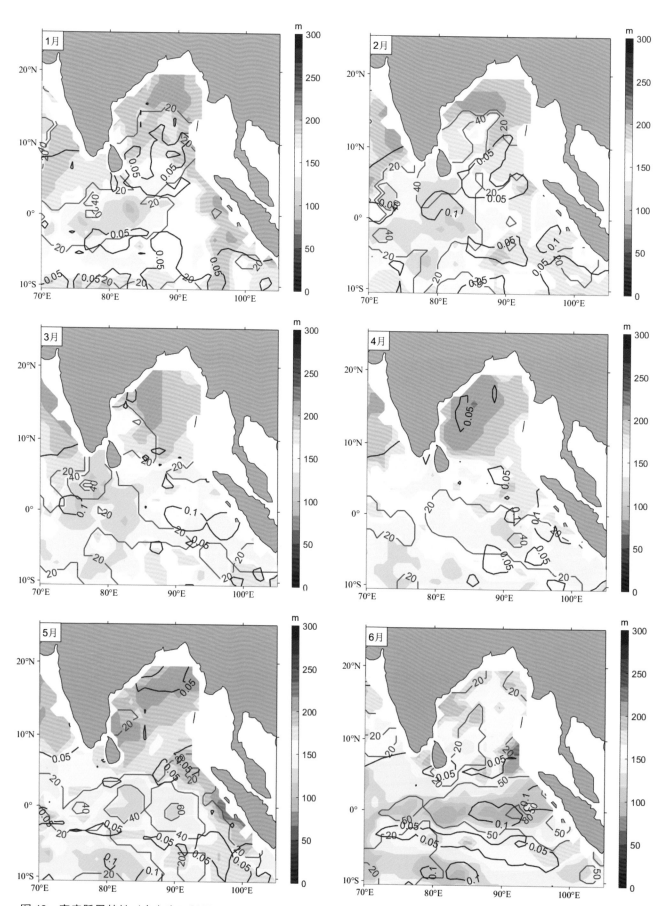

图 48　密度跃层特性（空白为无跃层区）：密度跃层厚度（颜色填充图，单位：m）、强度（红色等值线，单位：kg·m⁻⁴）和上界深度（灰色等值线，单位：m）

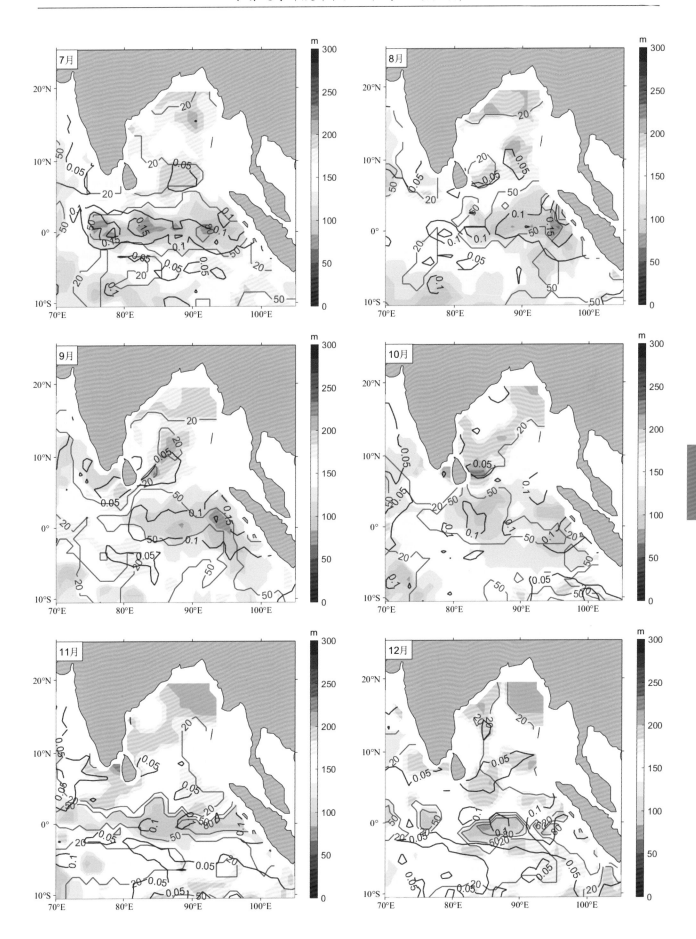

五、赤道东印度洋和孟加拉湾区域声速特征

（一）各层声速平面分布

春季：表层，声速高值区分布在赤道附近，值约 1545 m·s⁻¹。孟加拉湾为声速低值区，其北部声速最小约 1538 m·s⁻¹；在 50 m 层，在赤道附近、苏门答腊岛以西海域为声速高值区，呈纬向带状分布，最大值约 1544 m·s⁻¹。声速低值区在孟加拉湾和 10°S 附近海域。孟加拉湾声速最低约 1538 m·s⁻¹。在 10°S 附近海域声速最低约 1532 m·s⁻¹，呈纬向带状分布；在 100 m 层，苏门答腊岛以西海域为声速大值区，可达 1540 m·s⁻¹。声速在孟加拉湾北部也较大约 1535 m·s⁻¹。声速在斯里兰卡岛周边存在低值区，约 1525 m·s⁻¹；在 150 m 层，声速明显减小，在 1506 ～ 1518 m·s⁻¹ 范围。存在两个声速高值中心：一个在孟加拉湾，值约 1518 m·s⁻¹，另一个在苏门答腊岛以西海域，值可达 1522 m·s⁻¹。在 10°S 附近海域声速最低约 1506 m·s⁻¹，呈纬向带状分布；在 200 m 层，声速自北向南递减，在孟加拉湾约 1509 m·s⁻¹，在苏门答腊岛以西海域约 1506 m·s⁻¹；在 300 m 层，声速大值区分布在苏门答腊岛以西和印度半岛西侧海域，值大于 1502 m·s⁻¹。孟加拉湾声速约 1501 m·s⁻¹；在 400 m 层，声速在 1495 ～ 1500 m·s⁻¹ 范围。在印度半岛南侧至苏门答腊岛以西海域这一带，为声速高值中心，值可达 1500 m·s⁻¹。声速随纬度降低而减小，在 10°S 附近声速值最小约 1495 m·s⁻¹。

夏季：表层，基本被均匀的高声速水所占据，值大于 1538 m·s⁻¹。在印度半岛以南至苏门答腊岛以西海域这一带，为声速高值中心，可达 1544 m·s⁻¹；在 50 m 层，声速高值中心位于赤道附近和苏门答腊岛以西海域，值约 1542 m·s⁻¹。两个声速低值区分别位于斯里兰卡岛周边海域和印度半岛南侧 10°S 附近海域，最小约 1534 m·s⁻¹；在 100 m 层，与春季类似；在 150 m 层，孟加拉湾为声速高值区，值约 1518 m·s⁻¹；在 200 m 层，声速在孟加拉湾存在大值中心，约 1512 m·s⁻¹，在苏门答腊岛以西海域约 1506 m·s⁻¹；在 300 m 层，声速在航次调查区域基本约 1501 m·s⁻¹；在 400 m 层，与春季类似。

秋季：表层，声速高值区位于印度半岛西南侧海域，值约 1544 m·s⁻¹；在 50 m 层，声速高值中心位于苏门答腊岛以西海域，值约 1542 m·s⁻¹；在 100 m 层，声速大值区位于苏门答腊岛以西海域，约 1535 m·s⁻¹。声速低值中心位于印度半岛西侧和南侧海域，最小约 1515 m·s⁻¹；在 150 m 层，在孟加拉湾和苏门答腊岛以西海域为声速高值区，可达 1522 m·s⁻¹；在 200 m 层，航次调查区域声速基本约 1506 m·s⁻¹；在 300 m 和 400 m 层，均与春季类似。在 150 m 至 400 m 层，于 10 月在印度半岛西南侧均存在一个声速高值中心，猜测是海洋动力过程引起的该异常。

冬季：表层，除了孟加拉湾北部，基本为高声速区，值大于 1540 m·s⁻¹。孟加拉湾北部为声速低值中心，约 1534 m·s⁻¹；在 50 m 层，与春季类似。在印度半岛南侧 10°S 附近区域出现低声速中心，值约 1534 m·s⁻¹；在 100 m 层，与春季类似；在 150 m 层，声速大值区分布在印度半岛西侧和孟加拉湾，大于 1518 m·s⁻¹；在 200 m 层，声速自北向南递减，大值区位于印度半岛西侧和孟加拉湾，大于 1509 m·s⁻¹；在 300 m 和 400 m 层，与春季类似（详情请参见图 49 至图 55）。

（二）各断面声速垂直分布和声速跃层上界深度

经向断面特征：各经向断面声速垂直分布的季节变化不明显。声速随深度加深逐渐减小。从海表到

100 m 深度，基本被高声速水覆盖，值大于 1530 m·s⁻¹。在大于 300 m 深度范围，声速维持在 1500 m·s⁻¹ 左右；在 80.5°E 断面，跃层上界深度基本是南浅北深，最深约 100 m；在 85.5°E 和 90.5°E 断面，跃层上界深度在春、夏季为南浅北深，在秋、冬季为南深北浅，最深约 100 m（详情请参见图 56 至图 58）。

纬向断面特征：各纬向断面声速垂直分布的季节变化不明显。声速随深度加深逐渐减小，其等值线基本与纬向平行。在水面到 100 m 深度，基本被高声速水覆盖，值大于 1530 m·s⁻¹。在大于 300 m 深度范围，声速维持在 1500 m·s⁻¹ 左右；在 0.5°N 断面，高声速水（声速大于 1540 m·s⁻¹）覆盖最深，可达约 80 m。跃层上界深度基本与纬向平行，平均约 75 m，在冬季会加深到 100 m 左右；其他三个断面的声速垂直分布类似，跃层上界深度较浅，平均约 50 m（详情请参见图 59 至图 62）。

（三）声道特性

在大洋深处，由于温度、盐度量值变化甚小，声速变化主要决定于海水的压力。故在大洋中均有水下声道现象出现，这一特征之差异只在于出现的范围、声道轴深度及声道效应的强弱等有所不同而已。具体特性：①声道轴处声速分布的季节变化不明显。声道轴处的声速自北向南递减，其值在孟加拉湾和印度半岛以西海域最大（约 1492 s⁻¹），在 10°S 附近最小（约 1488 m·s⁻¹）；②声道轴深度特征的季节变化也不明显。声道轴深度自南向北递增，在孟加拉湾北部和印度半岛西侧海域最深（约 1600 m），在 10°S 附近最浅（约 1000 m）（详情请参见图 63）。

（四）声速跃层特性

研究区域终年出现声速跃层。季节变化特征如下：

春季：赤道附近、苏门答腊岛以西海域为强跃层区，平均强度约 |-0.6|s⁻¹。在苏门答腊岛以西海域，跃层强度最强约 |-0.9|s⁻¹，跃层厚度约 80 m。在孟加拉湾，跃层强度约 |-0.3|s⁻¹，跃层厚度约 80 m。跃层上界深度平均约 50 m，在孟加拉湾和苏门答腊岛以西海域深一些（约 75 m），在孟加拉湾北部最深约 100 m。

夏季：强跃层区分布范围与春季比较，范围扩大，强度加强。跃层强度平均约 |-0.6|s⁻¹，在苏门答腊岛以西海域最强约 |-1.2|s⁻¹。在强跃层区域，跃层厚度最小约 50 m，跃层上界深度约 75 m。在孟加拉湾，跃层强度约 |-0.3|s⁻¹，跃层厚度约 80 m，跃层上界深度可达 75 m。

秋季：是夏季的延续，又是夏季向冬季的过渡，其延续性较过渡性更为明显。

冬季：在印度半岛南侧、苏门答腊岛以西海域的跃层强度较强，大于 |-0.6|s⁻¹，最强约 |-0.9|s⁻¹，跃层厚度较小约 50 m，跃层上界深度平均约 75 m，最大约 100 m。在孟加拉湾，跃层强度约 |-0.3|s⁻¹，跃层上界深度约 75 m，跃层厚度平均约 100 m，在其北部最大约 170 m（详情请参见图 64）。

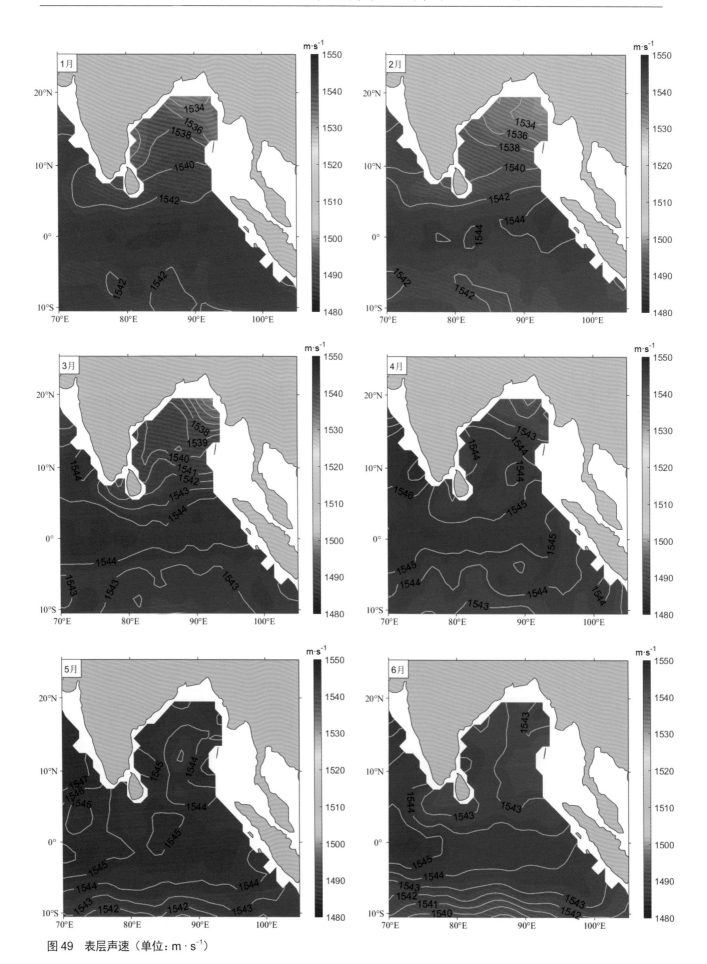

图 49　表层声速（单位：m·s⁻¹）

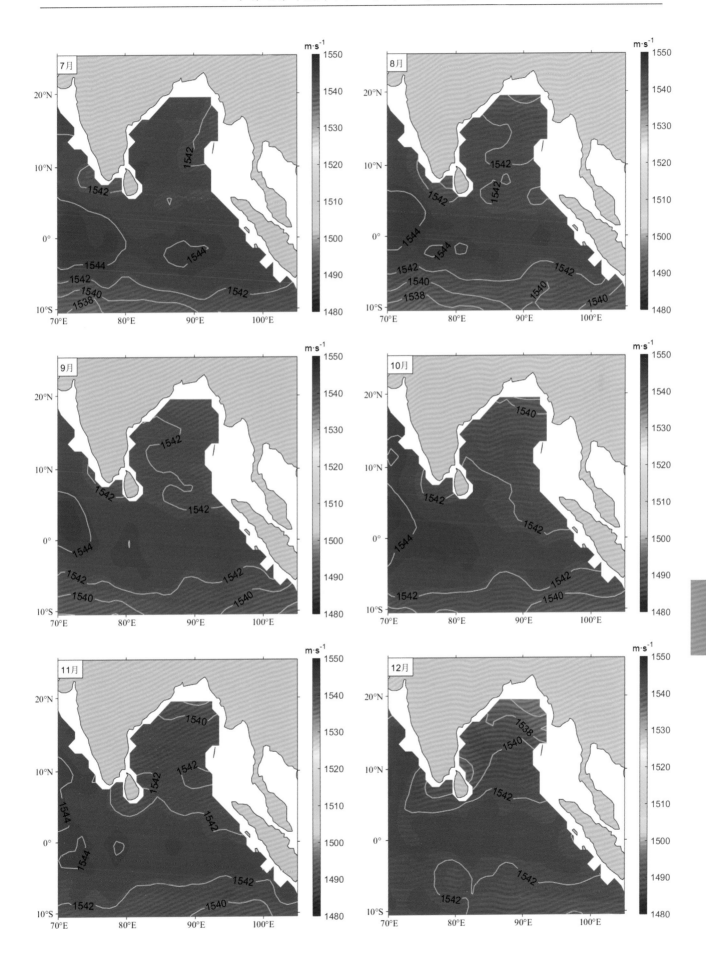

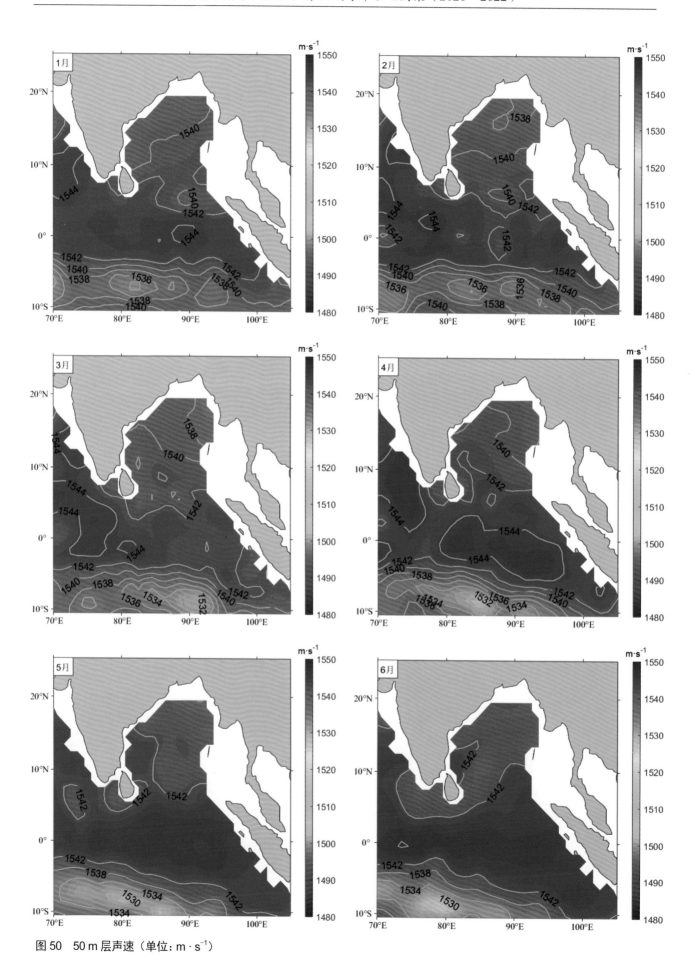

图50　50 m层声速（单位：m·s⁻¹）

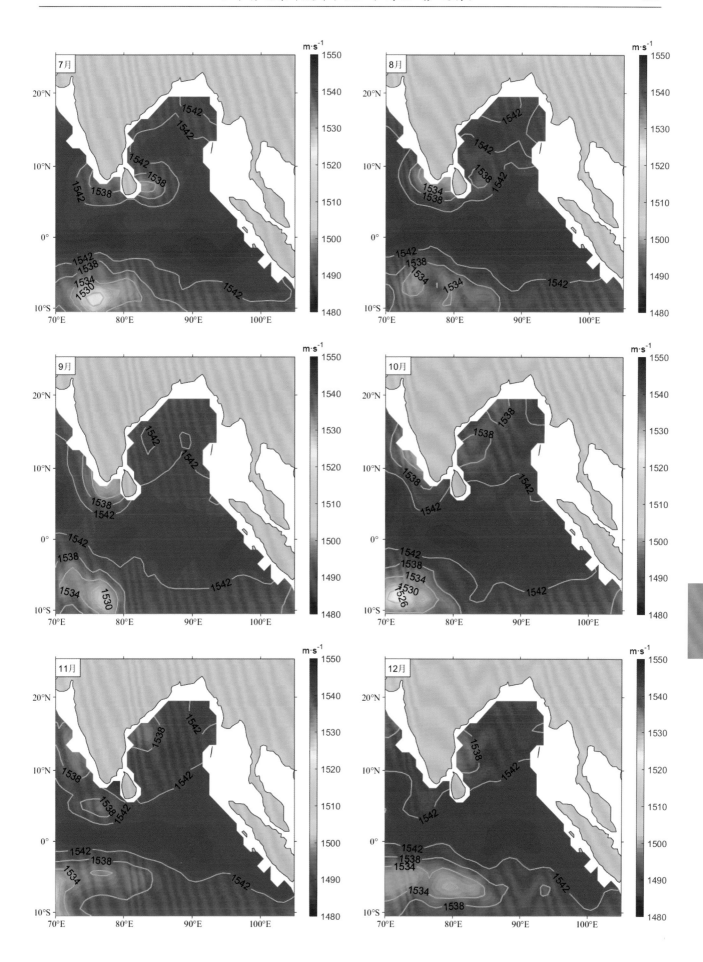

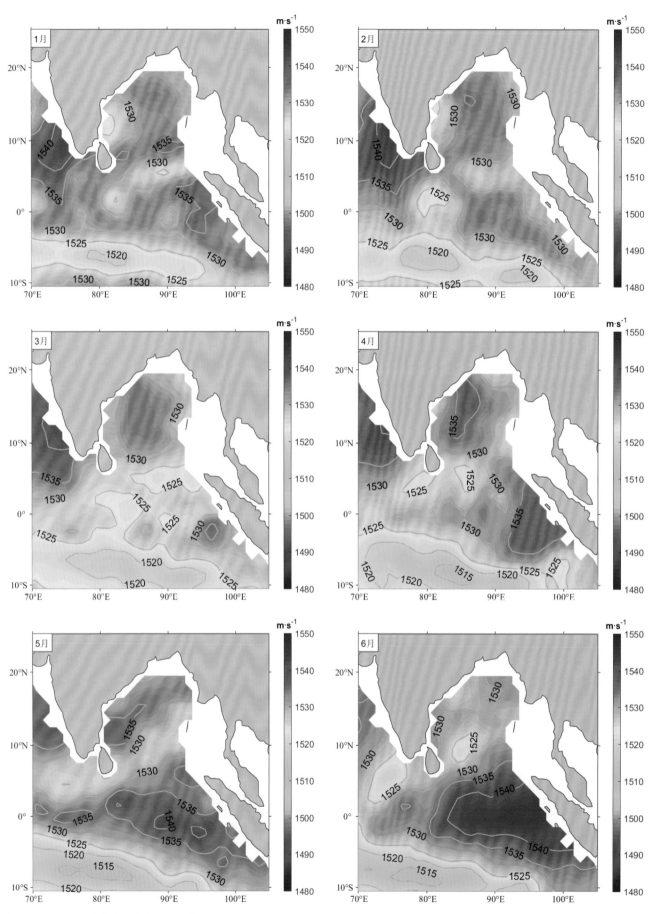

图51　100 m层声速（单位：m·s⁻¹）

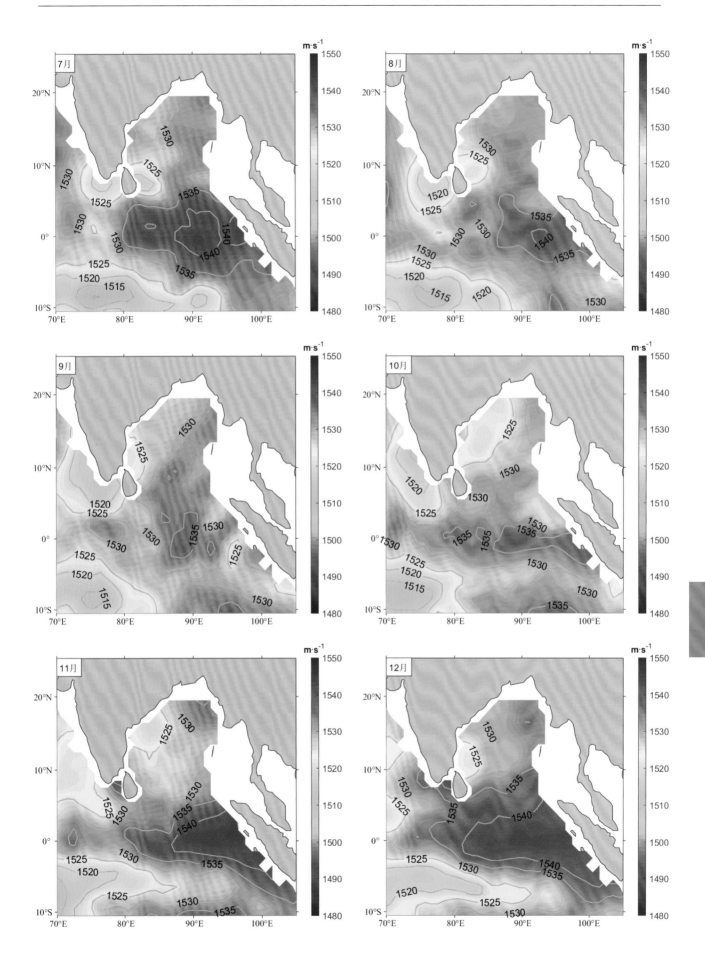

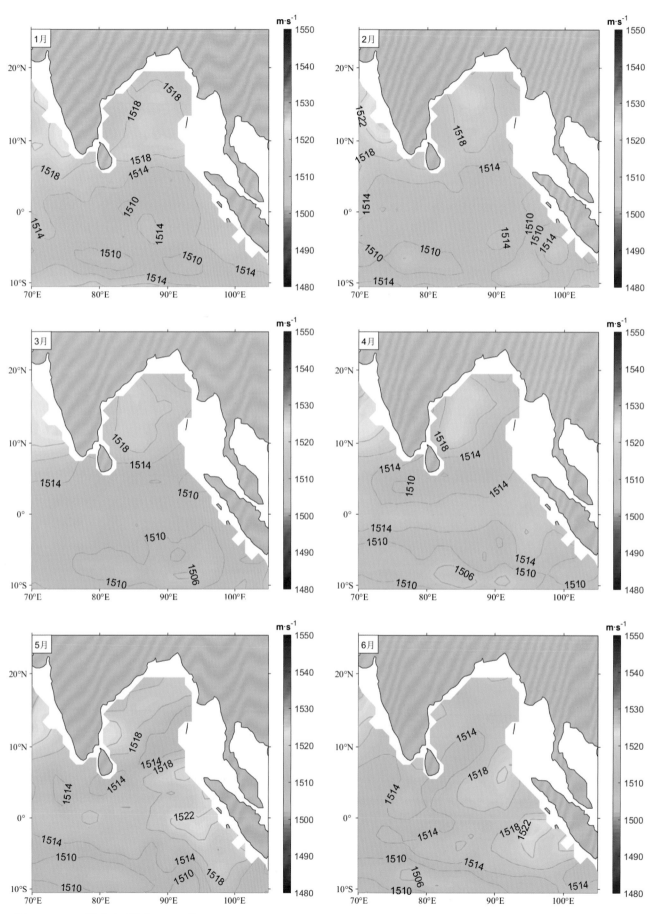

图 52　150 m 层声速（单位：m·s⁻¹）

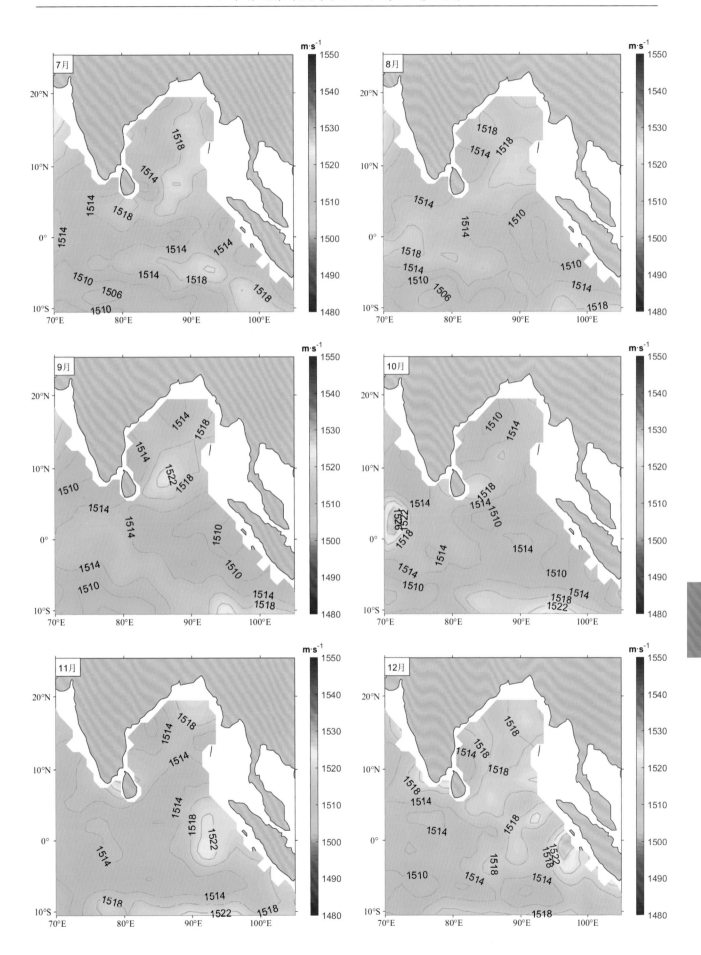

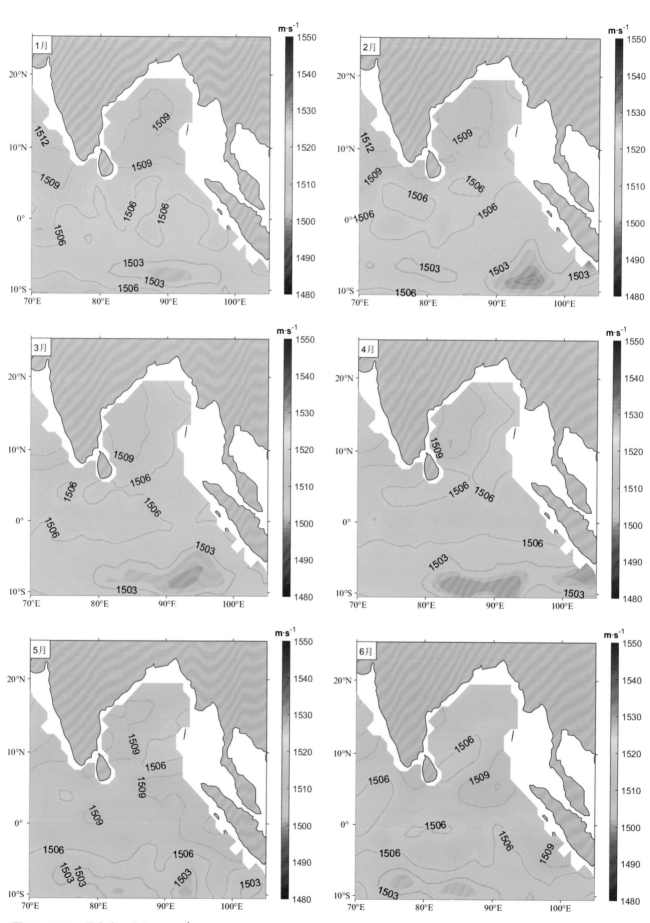

图 53　200 m 层声速（单位：m·s⁻¹）

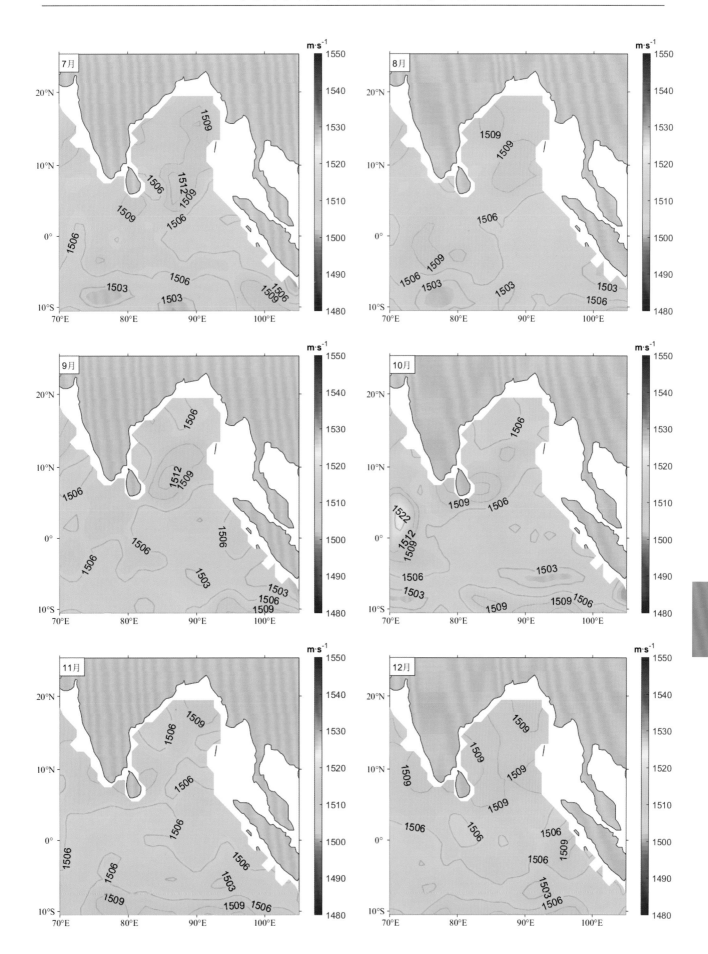

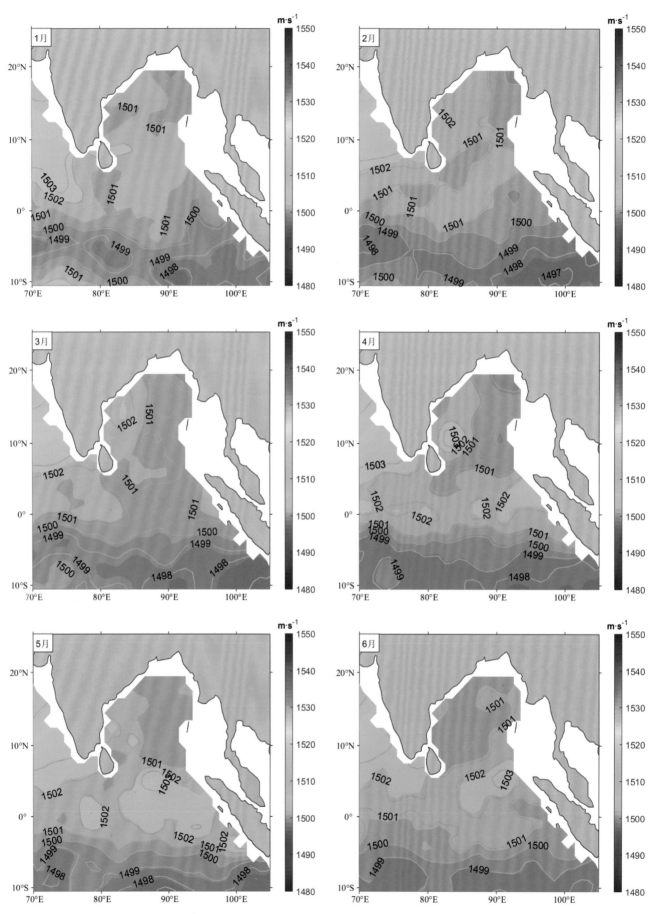

图54　300 m 层声速（单位：m·s⁻¹）

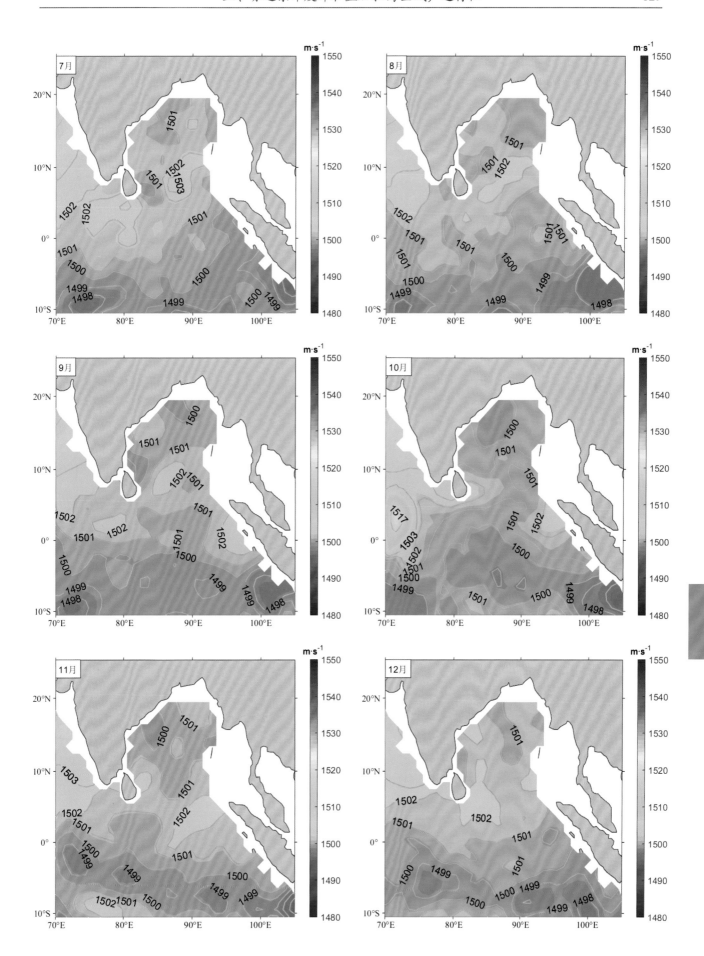

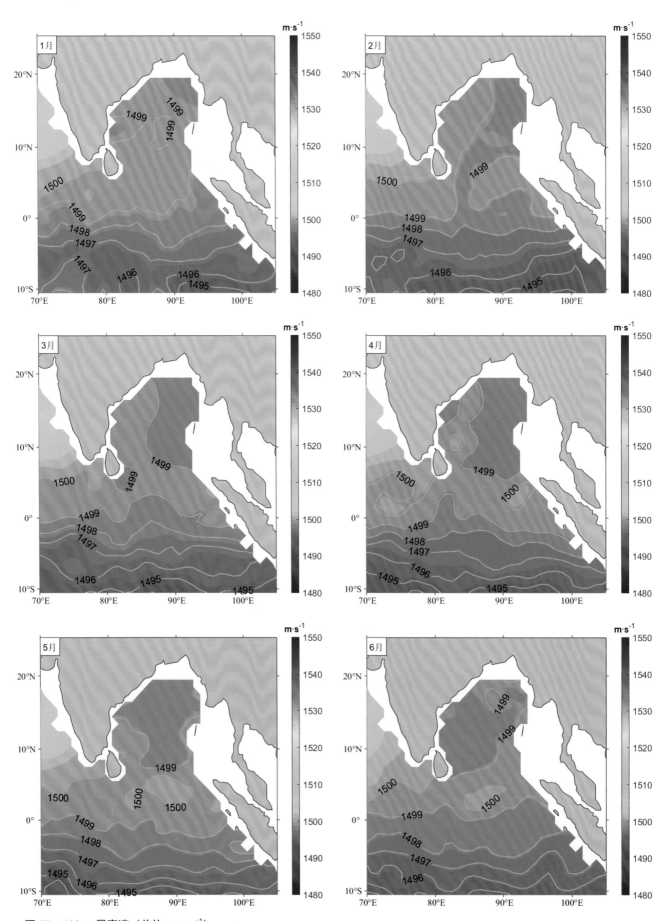

图 55　400 m 层声速（单位：m·s⁻¹）

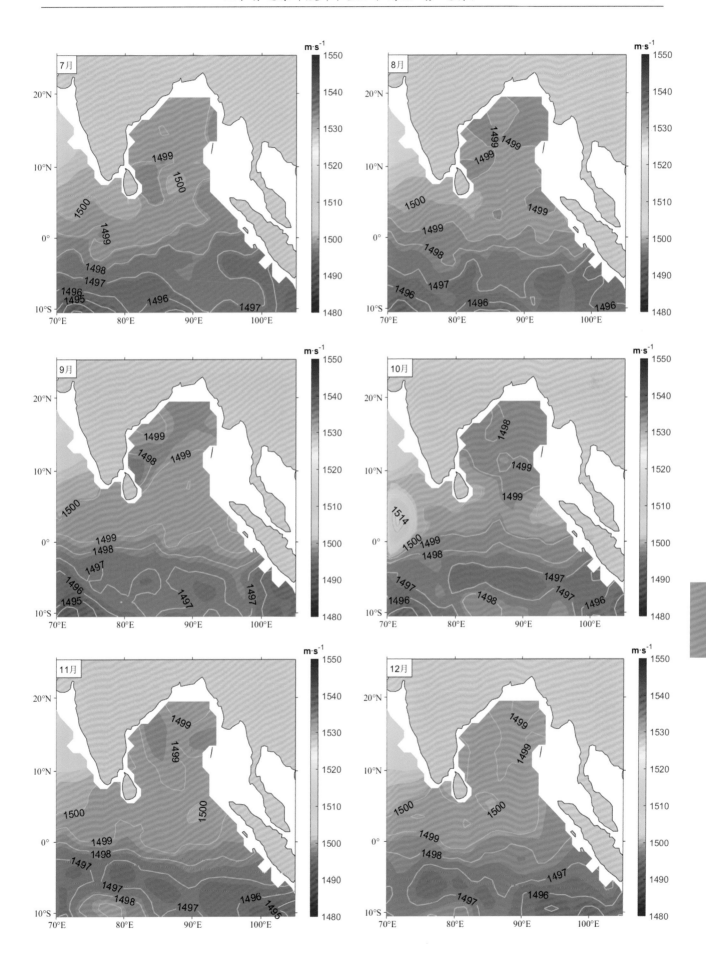

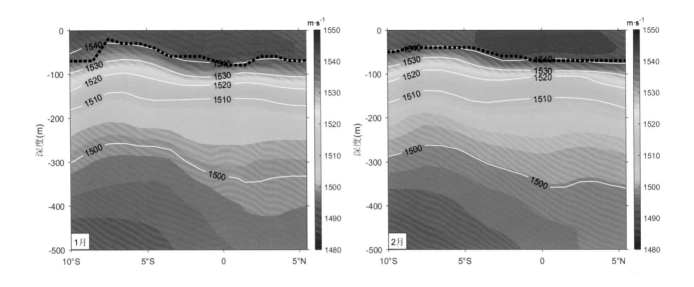

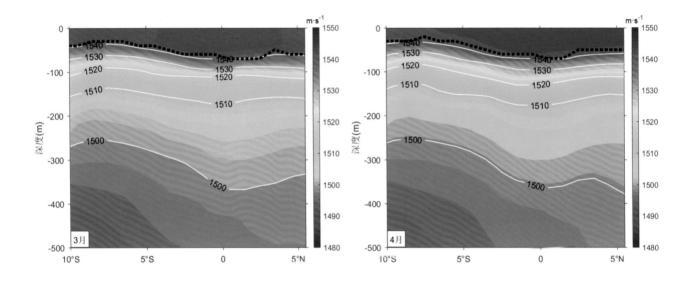

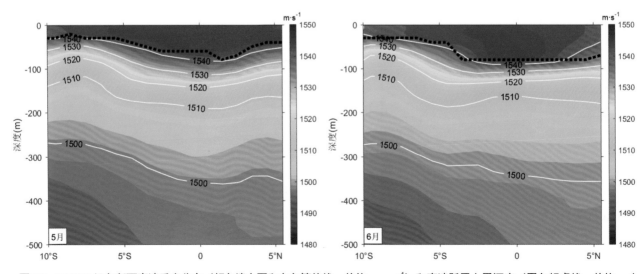

图 56　80.5°E 经向断面声速垂直分布（颜色填充图和白色等值线，单位：m·s⁻¹）和声速跃层上界深度（黑色粗虚线，单位：m）

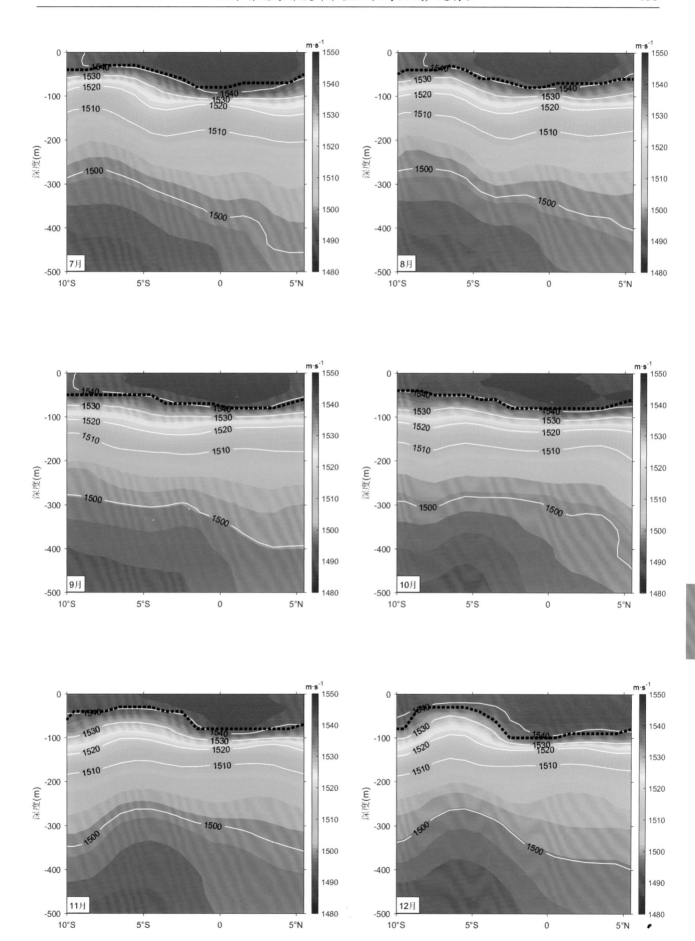

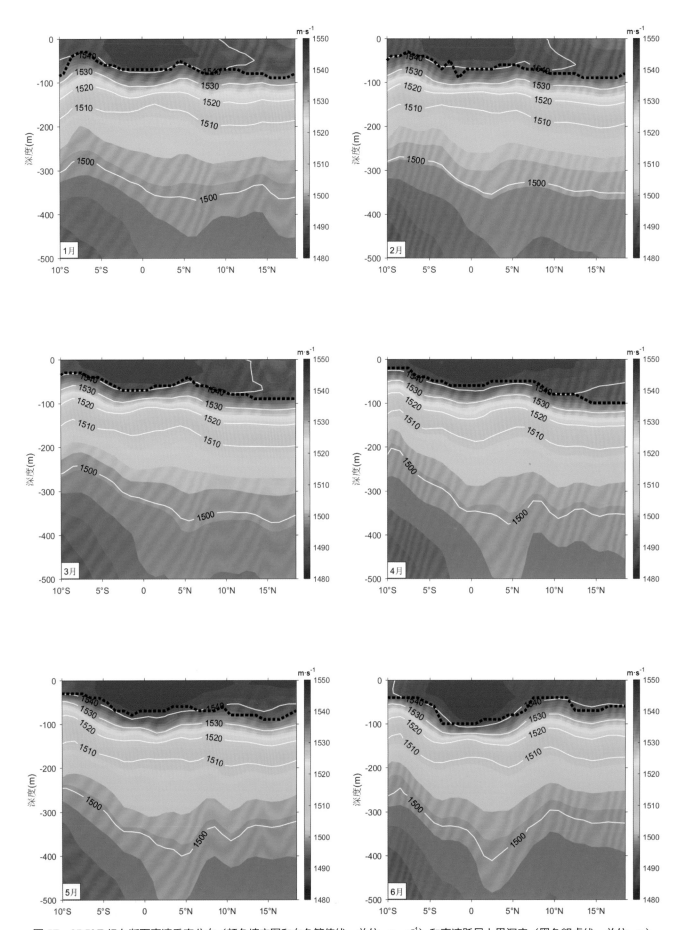

图 57　85.5°E 经向断面声速垂直分布（颜色填充图和白色等值线，单位：m·s⁻¹）和声速跃层上界深度（黑色粗虚线，单位：m）

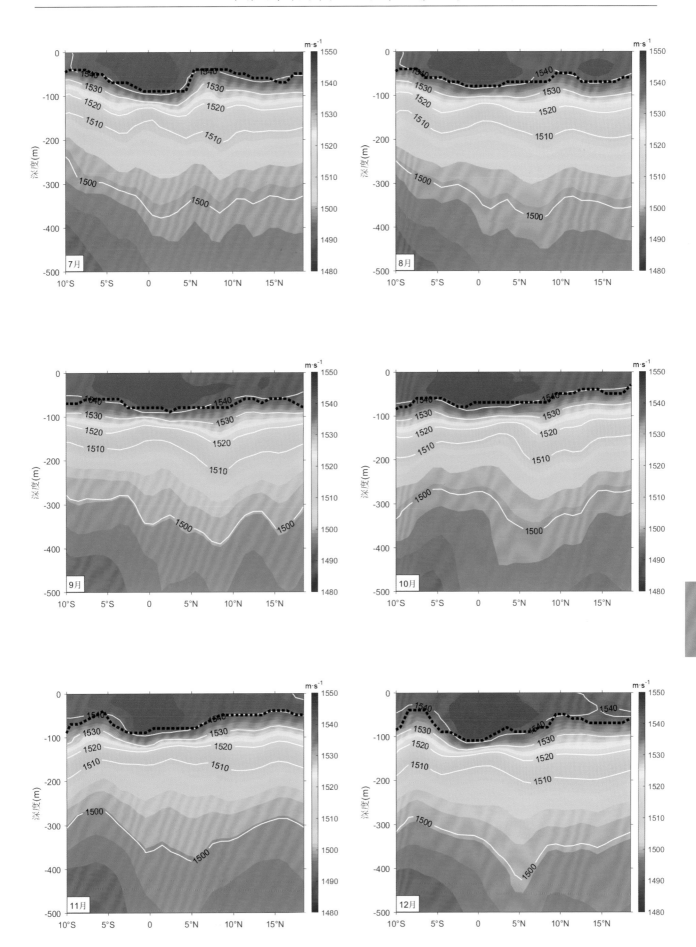

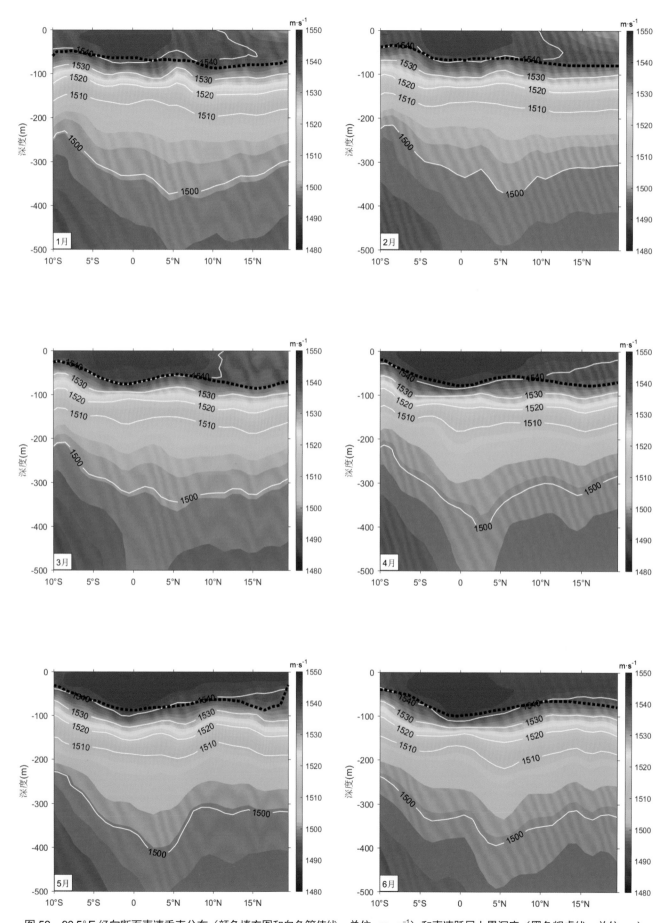

图 58　90.5°E 经向断面声速垂直分布（颜色填充图和白色等值线，单位：m·s⁻¹）和声速跃层上界深度（黑色粗虚线，单位：m）

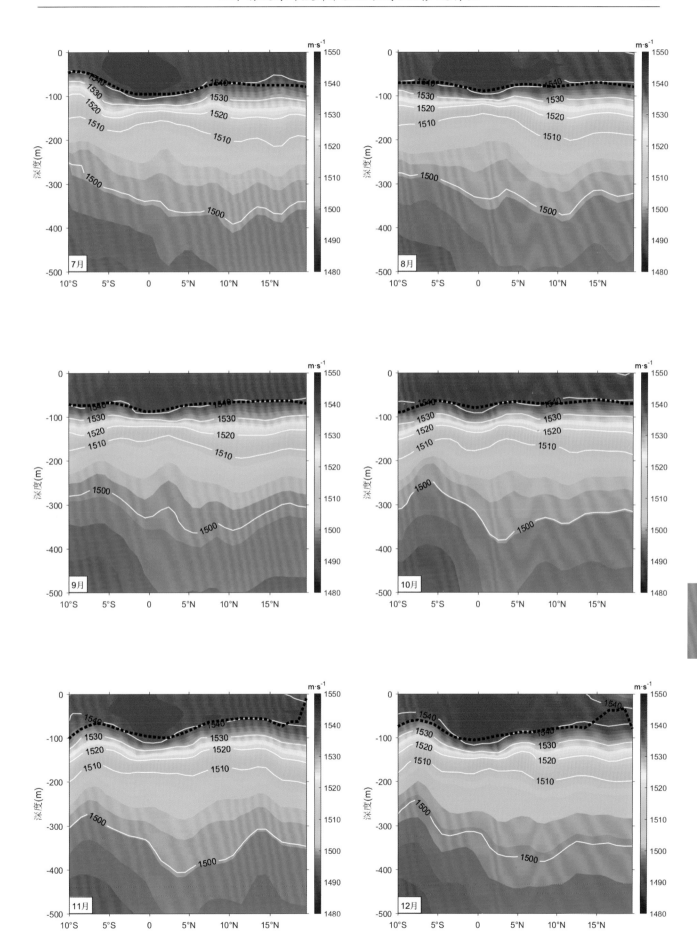

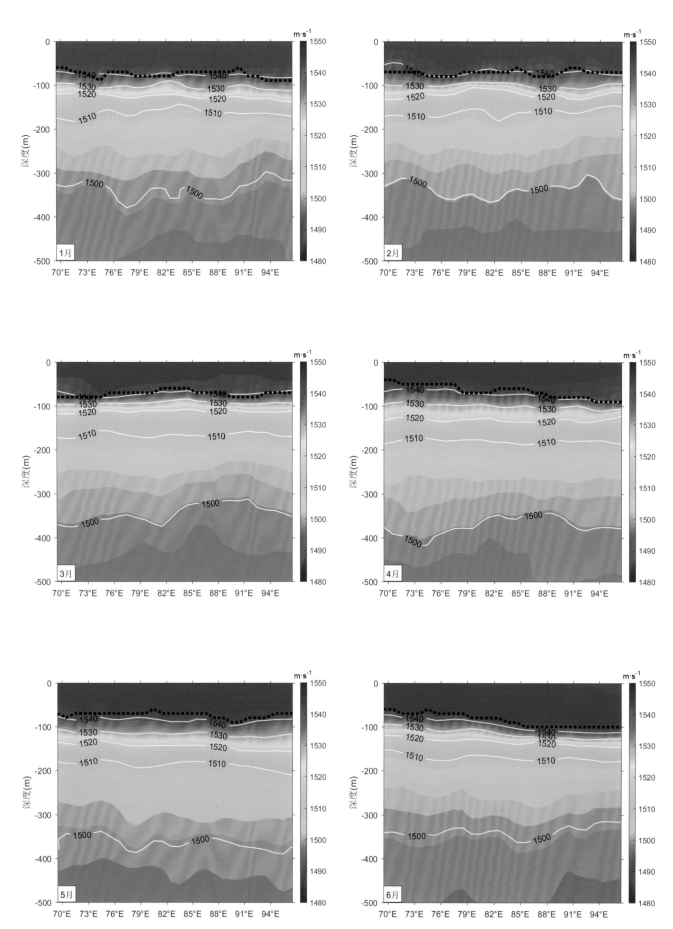

图 59　0.5°N 纬向断面声速垂直分布（颜色填充图和白色等值线，单位：m·s⁻¹）和声速跃层上界深度（黑色粗虚线，单位：m）

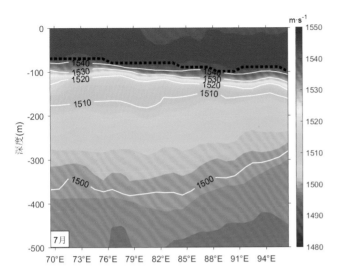

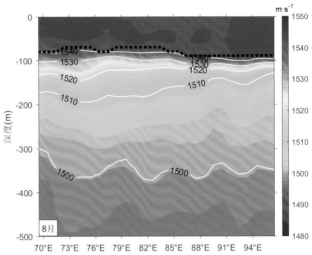

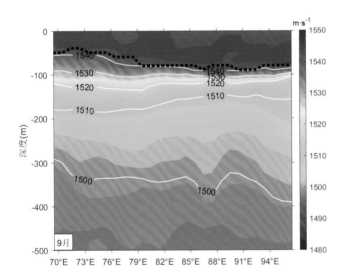

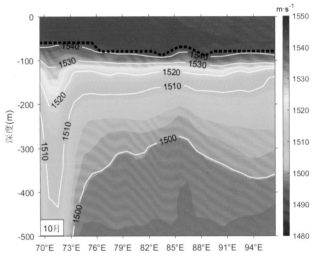

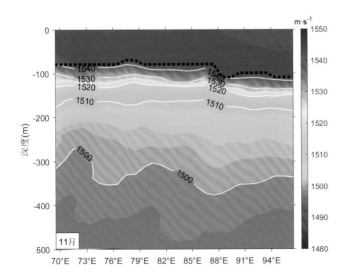

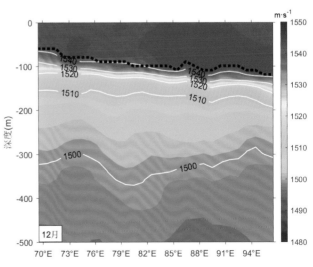

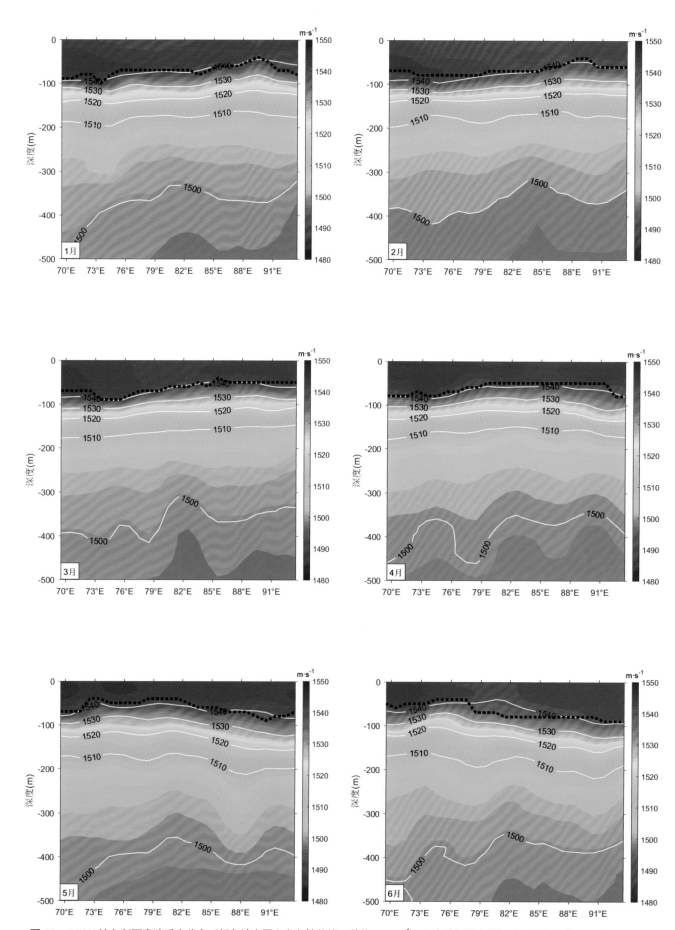

图 60　5.5°N 纬向断面声速垂直分布（颜色填充图和白色等值线，单位：m·s⁻¹）和声速跃层上界深度（黑色粗虚线，单位：m）

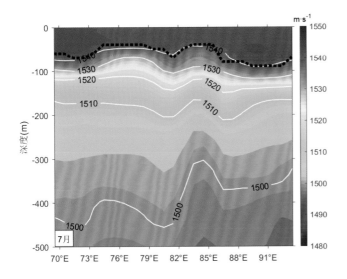

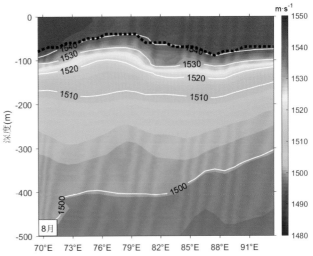

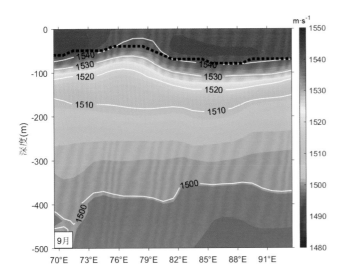

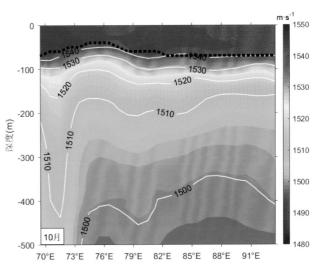

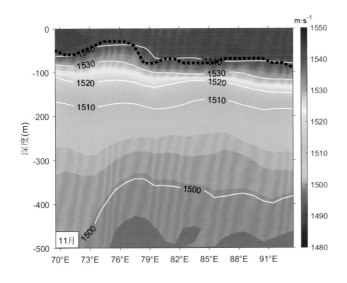

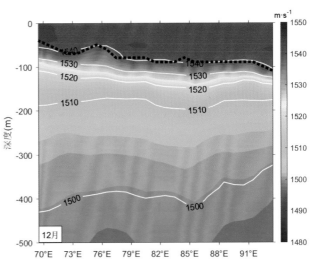

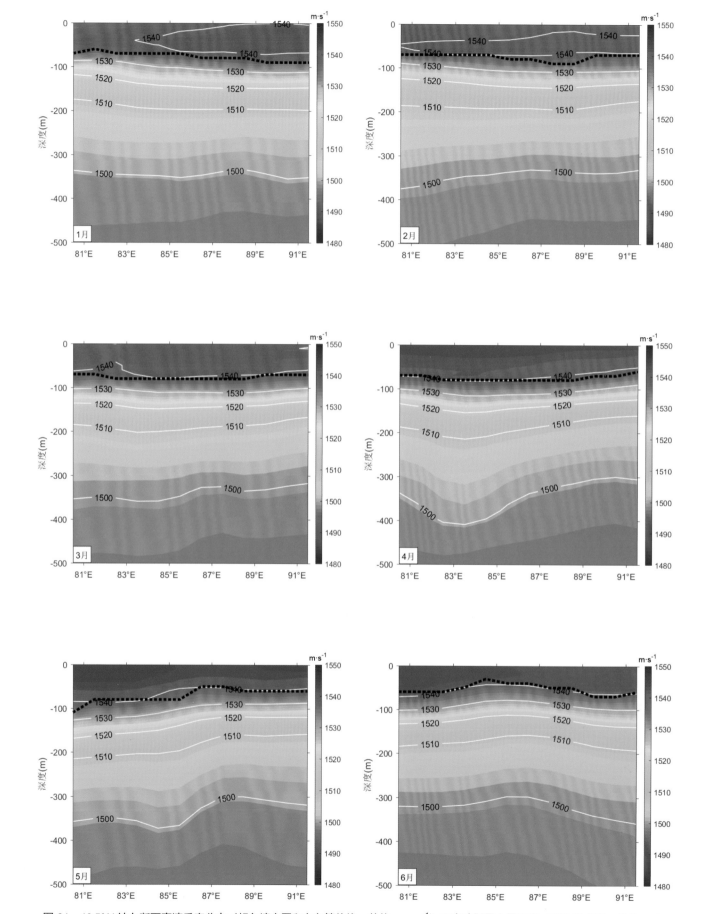

图 61　10.5°N 纬向断面声速垂直分布（颜色填充图和白色等值线，单位：m·s⁻¹）和声速跃层上界深度（黑色粗虚线，单位：m）

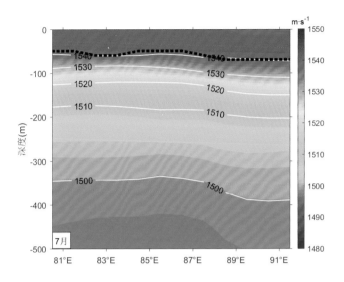

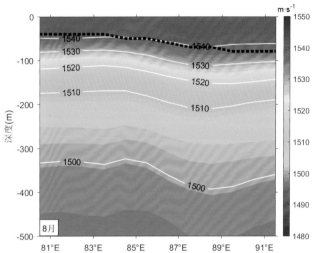

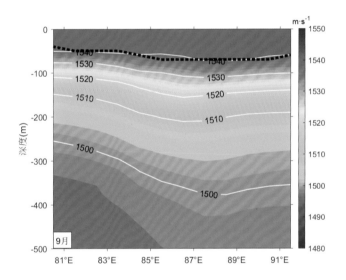

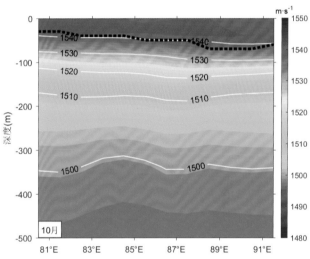

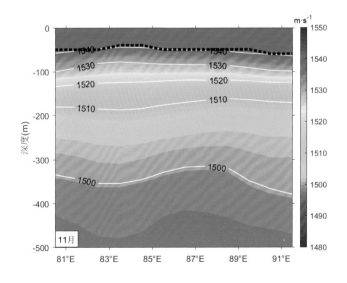

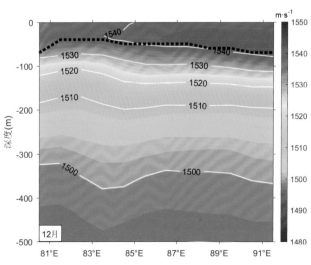

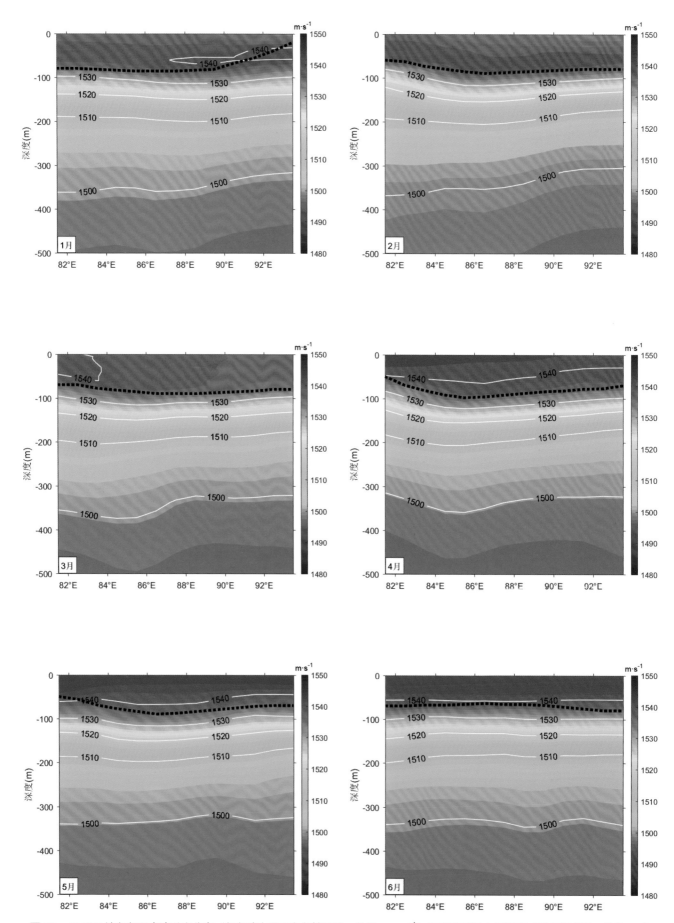

图 62　15.5°N 纬向断面声速垂直分布（颜色填充图和白色等值线，单位：m·s⁻¹）和声速跃层上界深度（黑色粗虚线，单位：m）

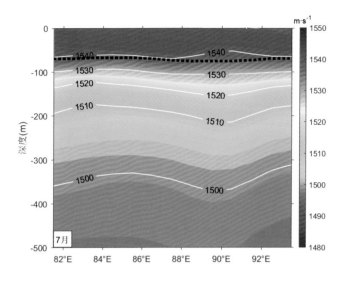

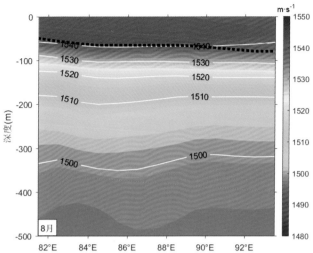

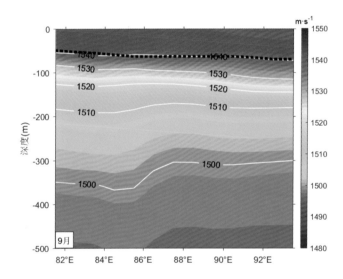

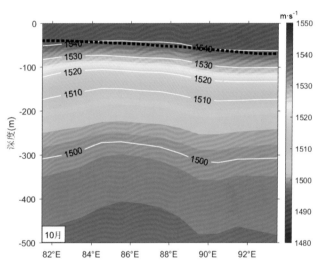

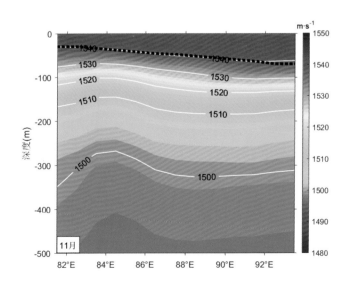

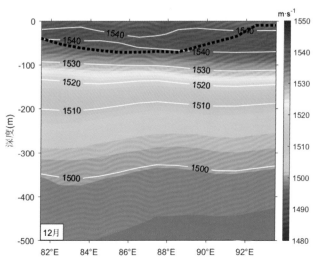

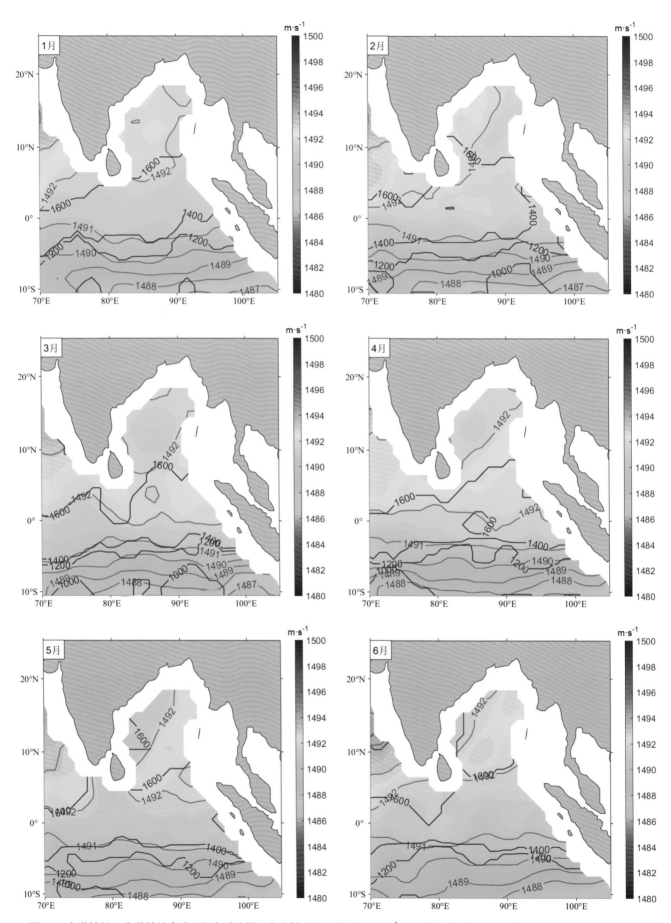

图63　声道特性：声道轴处声速（颜色填充图和灰色等值线，单位：m·s⁻¹）和声道轴深度（红色等值线，单位：m）

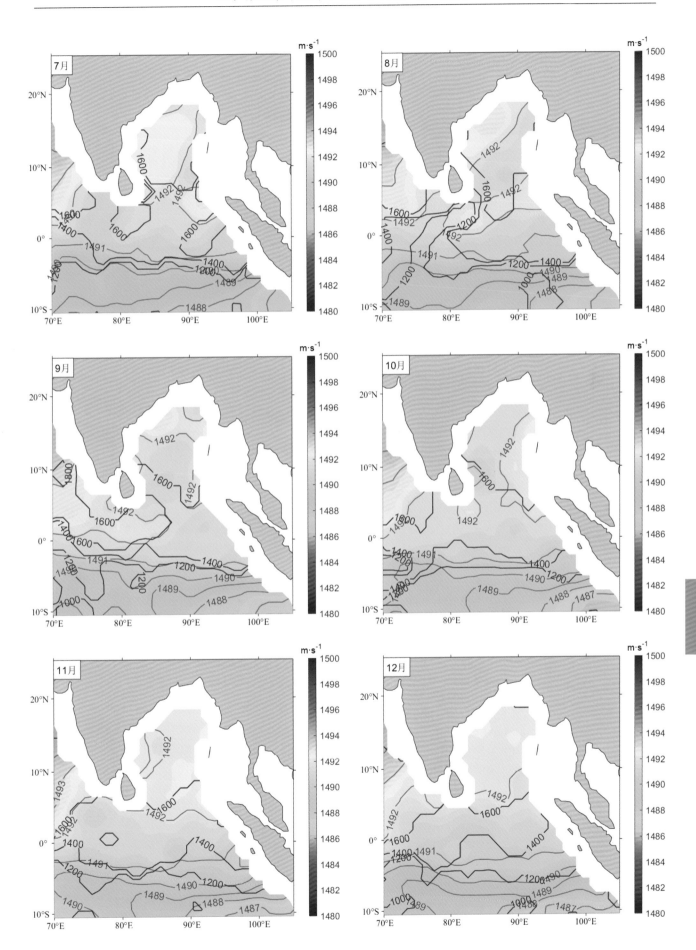

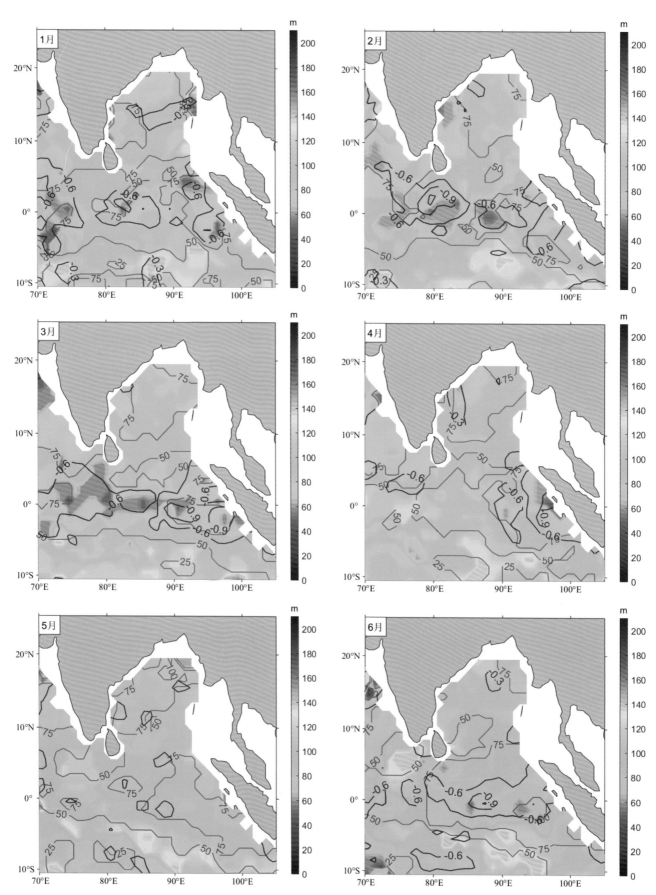

图64　声速跃层特性（空白为无跃层区）：声速跃层厚度（颜色填充图，单位：m）、强度（红色等值线，单位：s⁻¹）和上界深度（灰色等值线，单位：m）

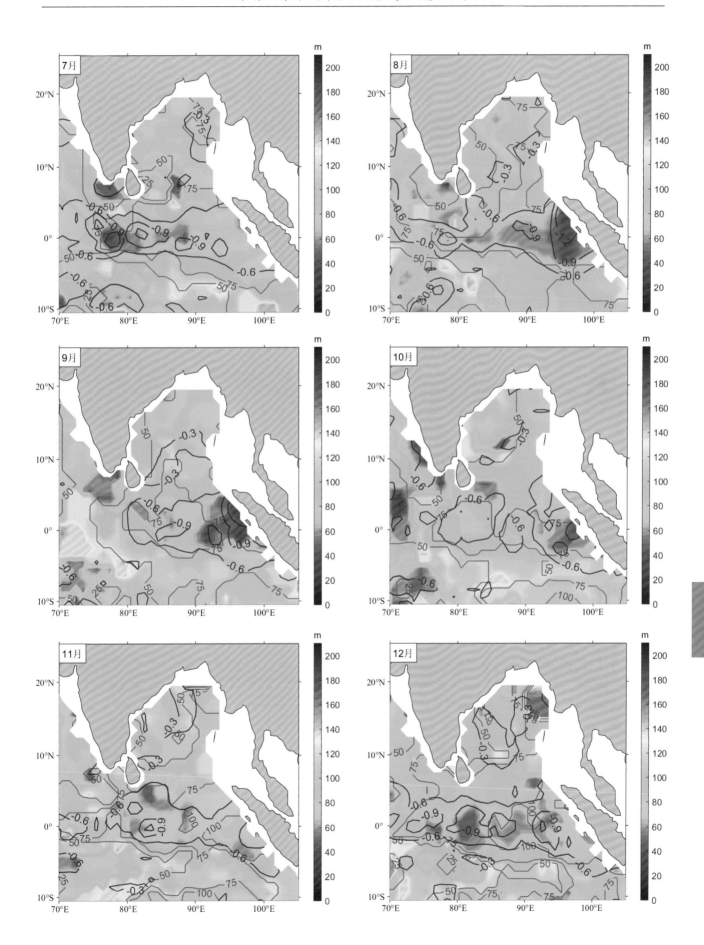

六、赤道东印度洋和孟加拉湾区域混合层特征

（一）混合层深度

混合层深度存在显著季节变化，在北半球夏、秋季时较深，春、冬季时较浅。

春季：混合层深度均较浅（<50 m），在孟加拉湾约 20 m，在印度半岛南侧至苏门答腊岛以西海域一带为高值中心，最大约 45 m。

夏季：混合层深度在印度半岛南侧至苏门答腊岛以西海域一带为高值中心，最大约 75 m。混合层深度在孟加拉湾中部较深，平均约 30 m，最深约 45 m，在孟加拉湾北部和斯里兰卡岛周边海域存在低值中心，约 15 m。

秋季：混合层深度在印度半岛南部至苏门答腊岛以西海域一带为高值中心，平均约 60 m，在苏门答腊岛以西海域最大约 75 m。混合层深度在孟加拉湾和印度半岛周边海域的低值区范围扩大，约 15 m。

冬季：混合层深度在苏门答腊岛以西海域的高值中心消失，在斯里兰卡岛周边海域出现高值中心（约 45 m）。在孟加拉湾北部、苏门答腊岛以西海域存在低值中心，约 15 m（详情请参见图 65）。

（二）障碍层厚度

障碍层厚度同样具有显著季节变化，在北半球秋、冬季时最厚，在春、夏季时较薄。

春季：障碍层厚度较薄，基本小于 20 m。大值区主要分布在印度半岛周边和苏门答腊岛以西海域。

夏季：障碍层厚度大值区分布在孟加拉湾北部和苏门答腊岛以西海域，平均约 20 m，最大约 40 m。

秋季：障碍层厚度大值区范围扩大，基本覆盖孟加拉湾和苏门答腊岛以西海域，平均约 40 m。在苏门答腊岛以西海域最大值约 60 m。

冬季：障碍层厚度大值区范围最大，基本覆盖航次调查区域，平均约 60 m。在孟加拉湾北部、印度半岛西侧和苏门答腊岛以西海域存在最大值，约 80 m（详情请参见图 66）。

（三）各断面混合层深度和温度距平

经向断面特征如下：

春季：各断面的混合层深度较浅，平均约 25 m。与气候态月平均温度距平显示，在 80.5°E 和 85.5°E 断面，在赤道附近，接近 100 m 深度存在增温（约 1 ℃）。在 90.5°E 断面，在 8°S 附近和 8°N 附近，接近 100 m 深度存在约 2 ℃的增温。

夏季：各断面混合层深度在赤道附近会加深，可达 75 m 左右。温度距平显示，各断面在 5°S—5°N 范围以增温为主，尤以 90.5°E 断面增温最显著，可达约 3 ℃。

秋季：各断面混合层深度分布与夏季类似。温度距平显示，在 80.5°E 断面，在 5°—10°S 范围，接近 100 m 深度存在强降温（约 4 ℃）；在 85.5°E 断面，在赤道附近，接近 100 m 深度存在增温，增温约 2 ℃；在 90.5°E 断面，在 5°S—5°N 范围，约 100 m 深度存在强增温，约 3 ℃。

冬季：混合层深度较浅，基本小于 50 m。温度距平显示，在 80.5°E 断面，降温中心与秋季分布类似，

降温约 3 ℃；在 85.5°E 断面，在 5°S—5°N 范围，约 100 m 深度存在强增温，增温约 3 ℃；在 90.5°E 断面，增温中心分布和秋季类似（详情请参见图 67 至图 69）。

纬向断面特征：

混合层深度。在 0.5°N 和 5.5°N 断面，混合层深度平均约 50 m，在夏、秋季会加深，最深约 100 m。在 10.5°N 和 15.5°N 断面，混合层深度等值线基本与纬向平行，季节变化不明显，值一般小于 25 m。

温度距平。在 0.5°N 断面，在夏、秋季，在 100 m 深度存在一条强增温带，值约 3 ℃。在 70°E 附近，从 100 ~ 500 m 深度范围，在 10 月存在一条强增温带，增温中心约 4℃，猜测海洋动力过程引起的该异常；在 5.5°N 断面，在秋、冬季，约 100 m 深度存在强增温，增温约 3 ℃。同样在 10 月存在一条强增温带，增温中心约 3 ℃，猜测海洋动力过程引起的该异常；在 10.5°N 断面，只在秋季 75 m 深度左右有增温带，增温约 2 ℃；在 15.5°N 断面，在夏、秋季，约 100 m 深度存在弱增温中心（约 1℃）（详情请参见图 70 至图 73）。

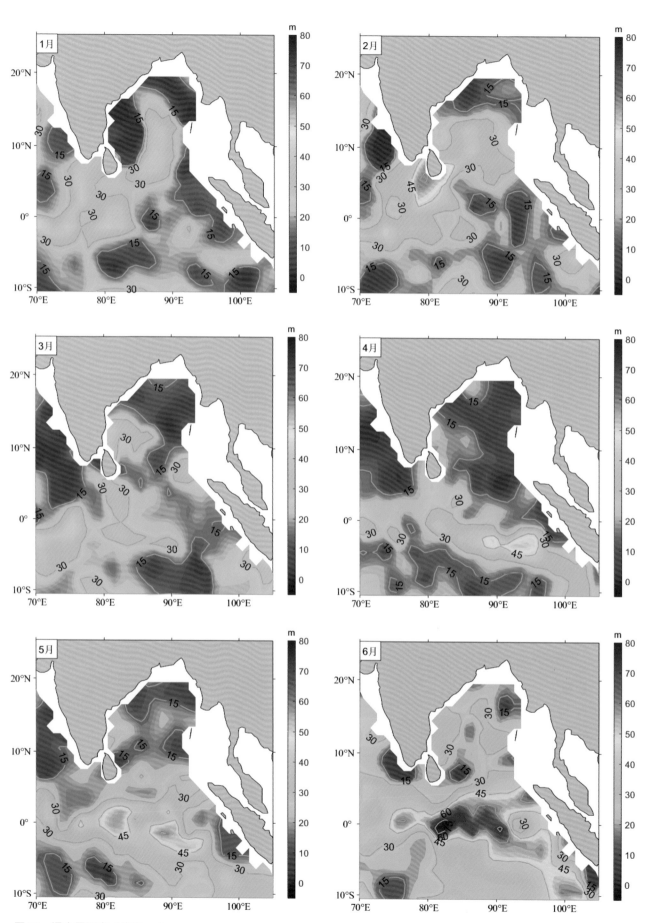

图 65　混合层深度（单位：m）

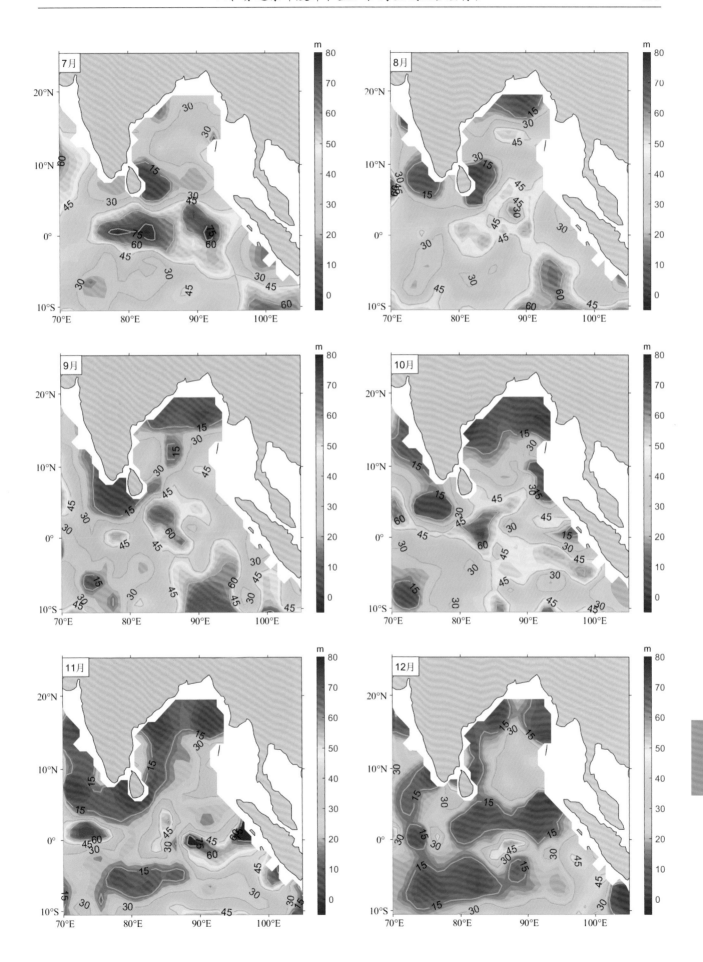

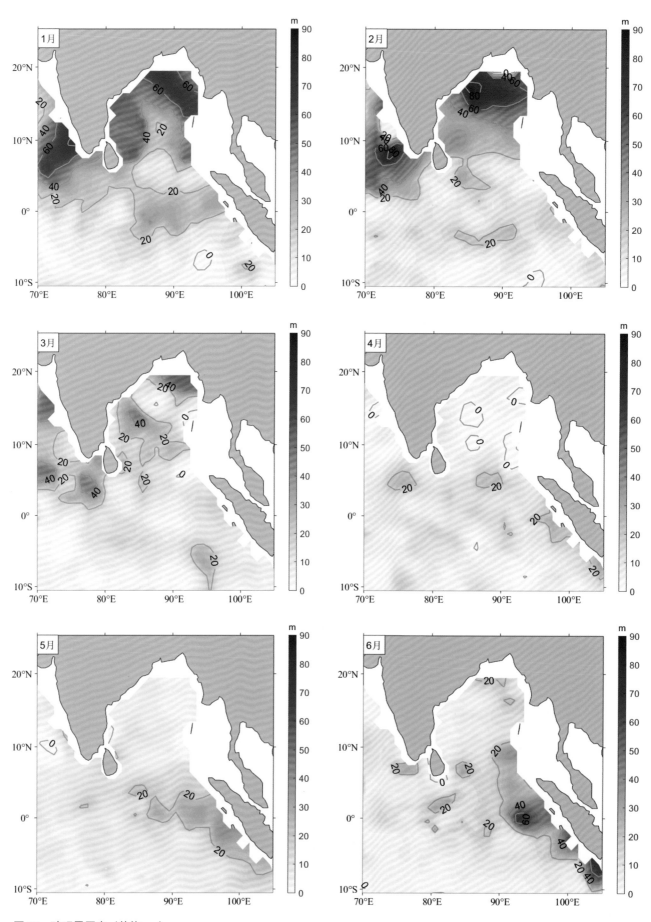

图66　障碍层厚度（单位：m）

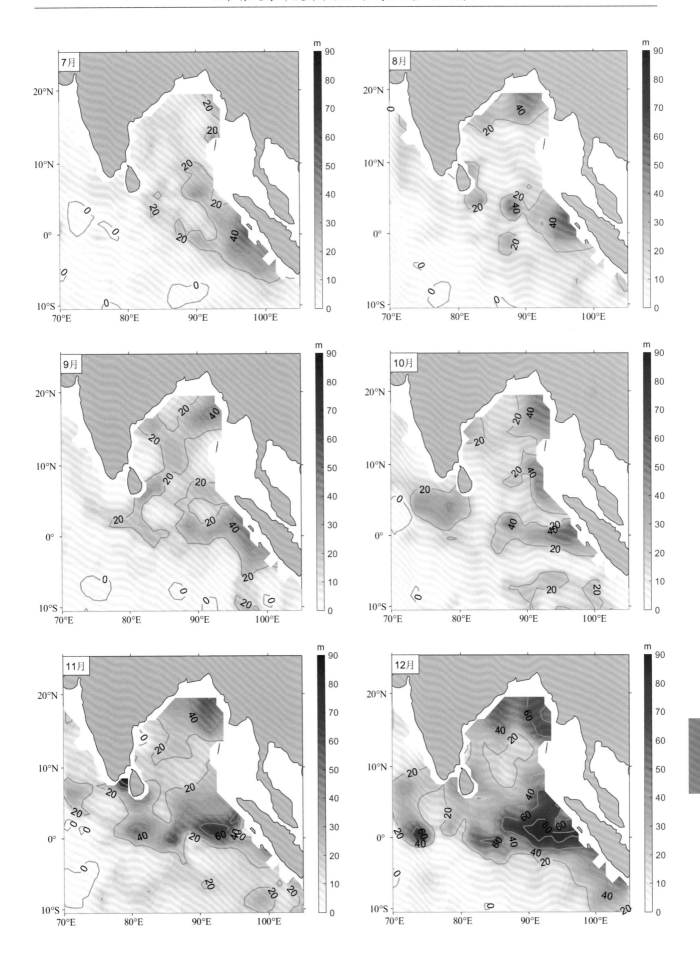

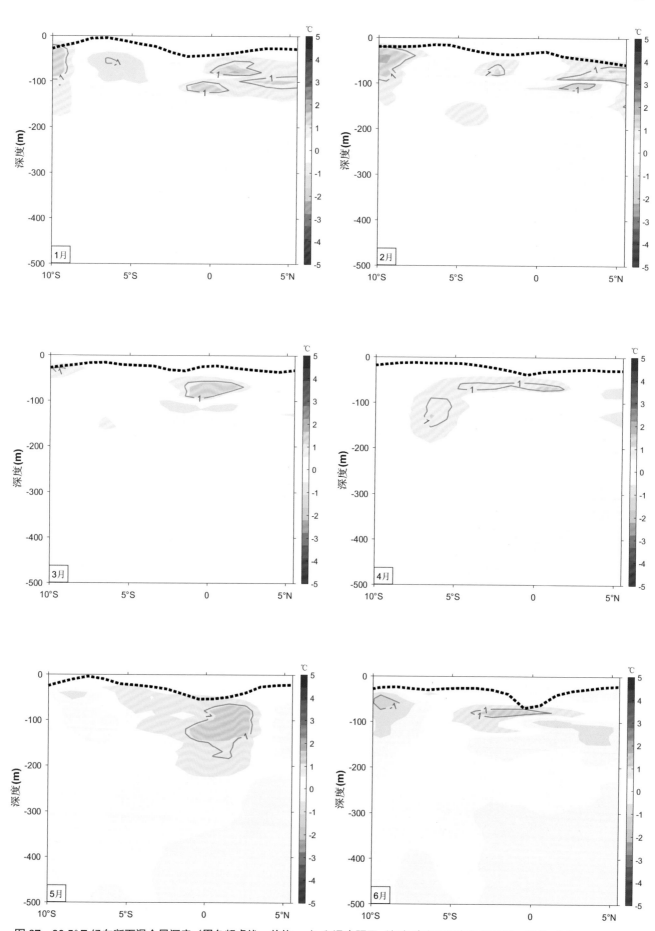

图 67　80.5°E 经向断面混合层深度（黑色粗虚线，单位：m）和温度距平（颜色填充图和灰色等值线，单位：℃）

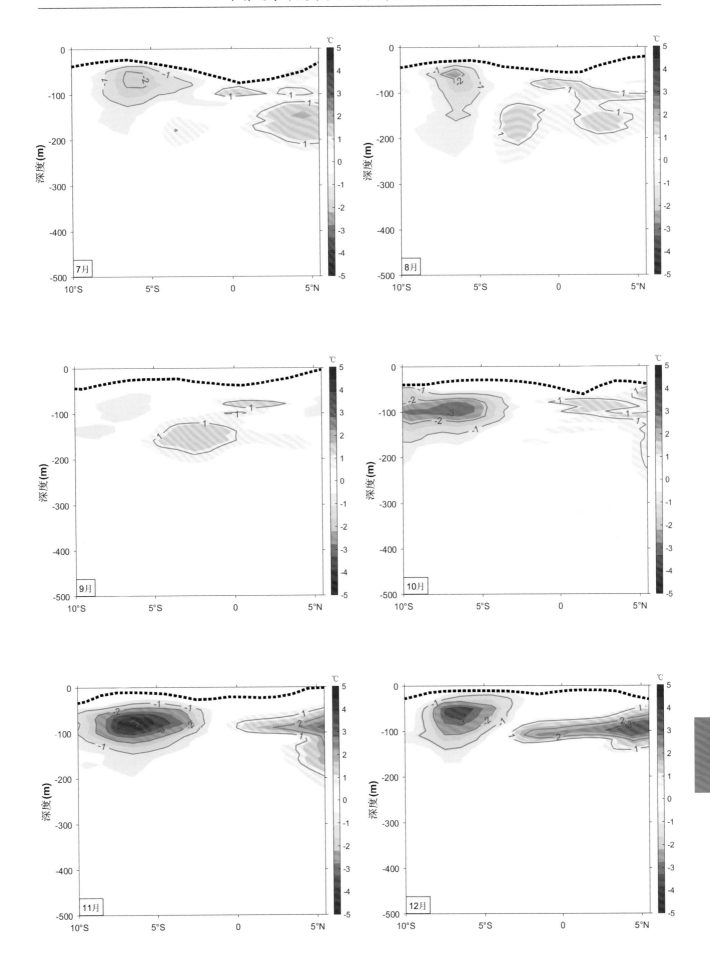

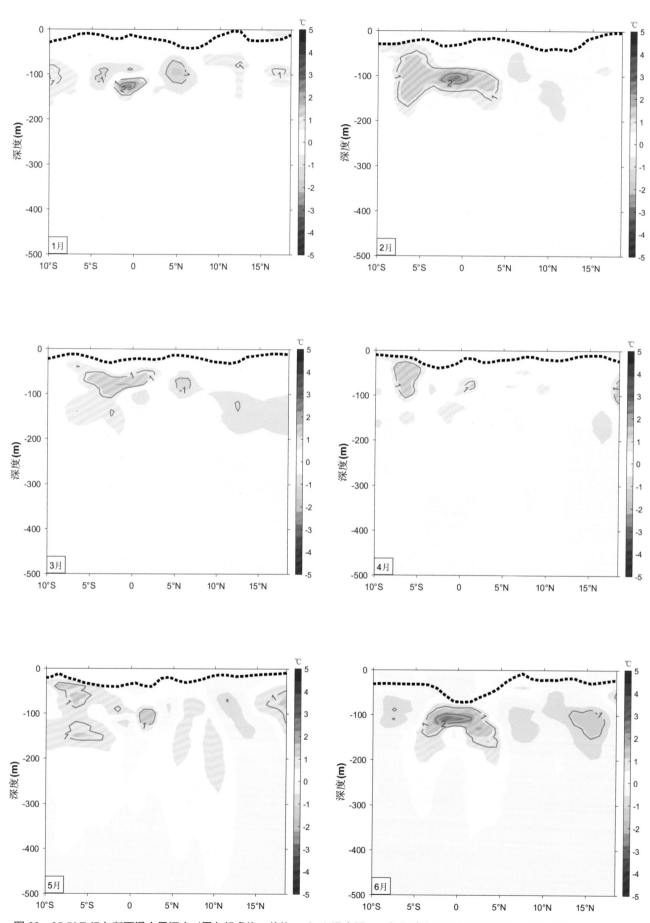

图 68　85.5°E 经向断面混合层深度（黑色粗虚线，单位：m）和温度距平（颜色填充图和灰色等值线，单位：℃）

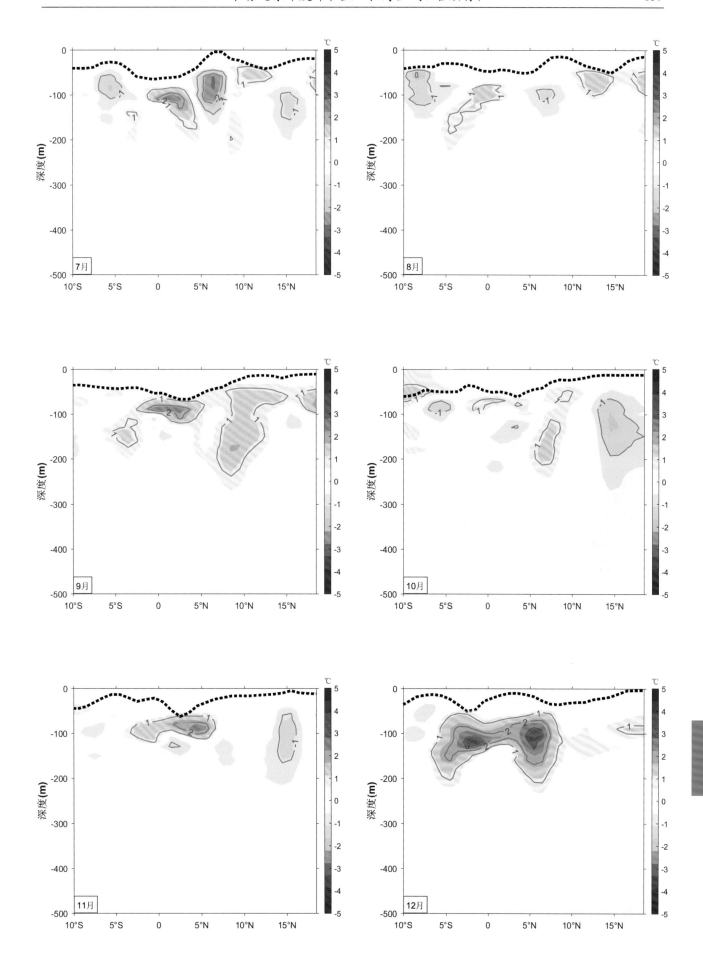

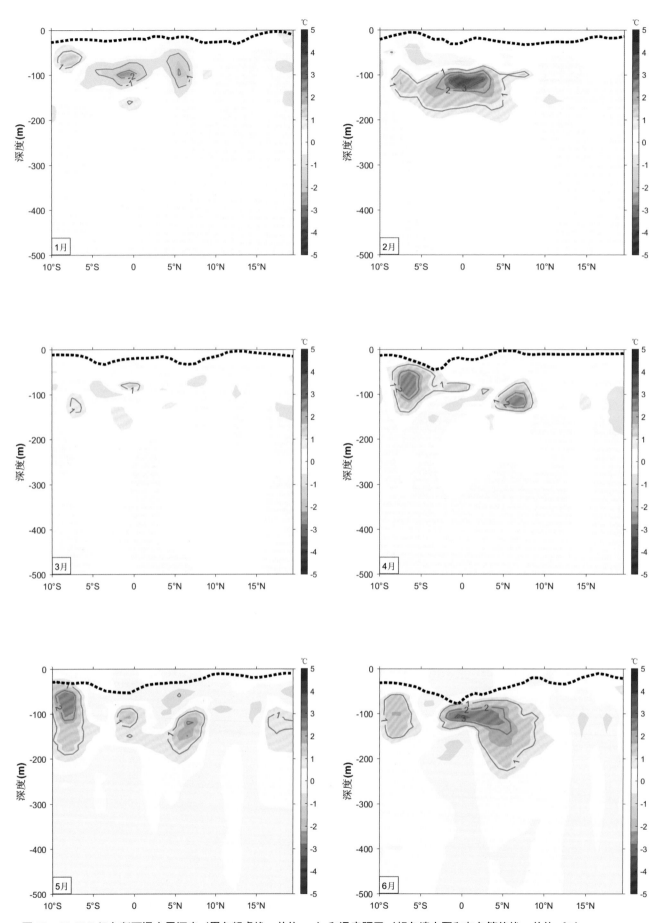

图 69　90.5°E 经向断面混合层深度（黑色粗虚线，单位：m）和温度距平（颜色填充图和灰色等值线，单位：℃）

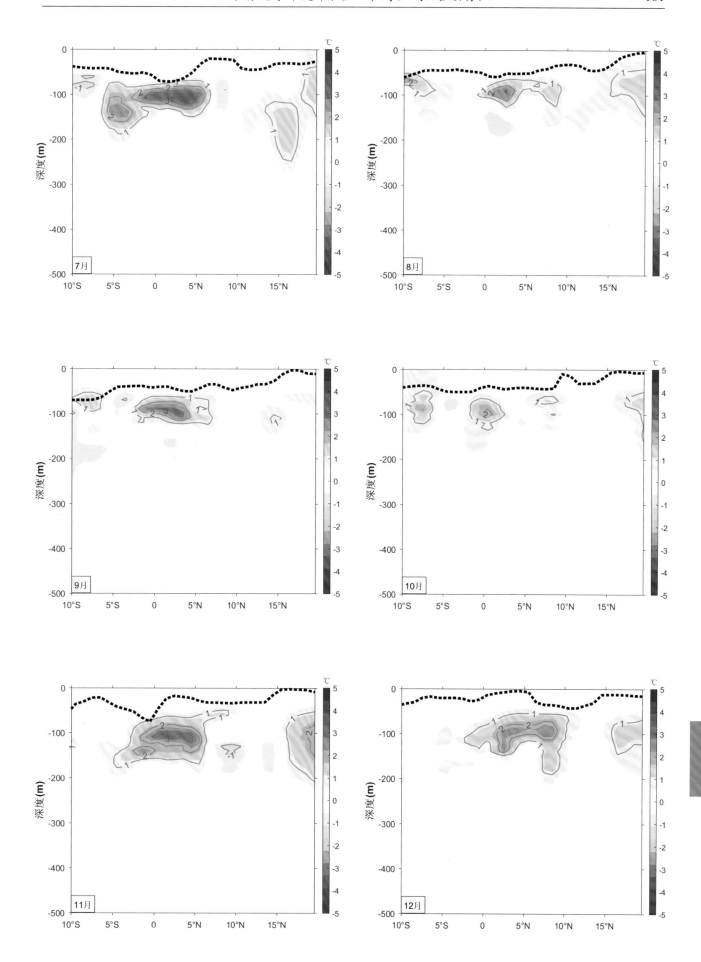

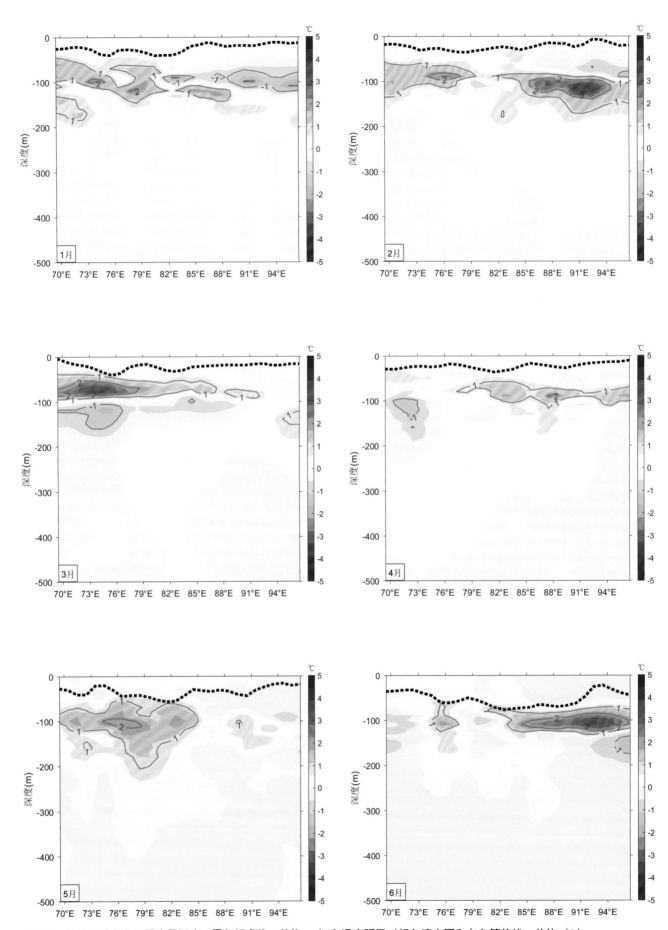

图 70　0.5°N 纬向断面混合层深度（黑色粗虚线，单位：m）和温度距平（颜色填充图和灰色等值线，单位：℃）

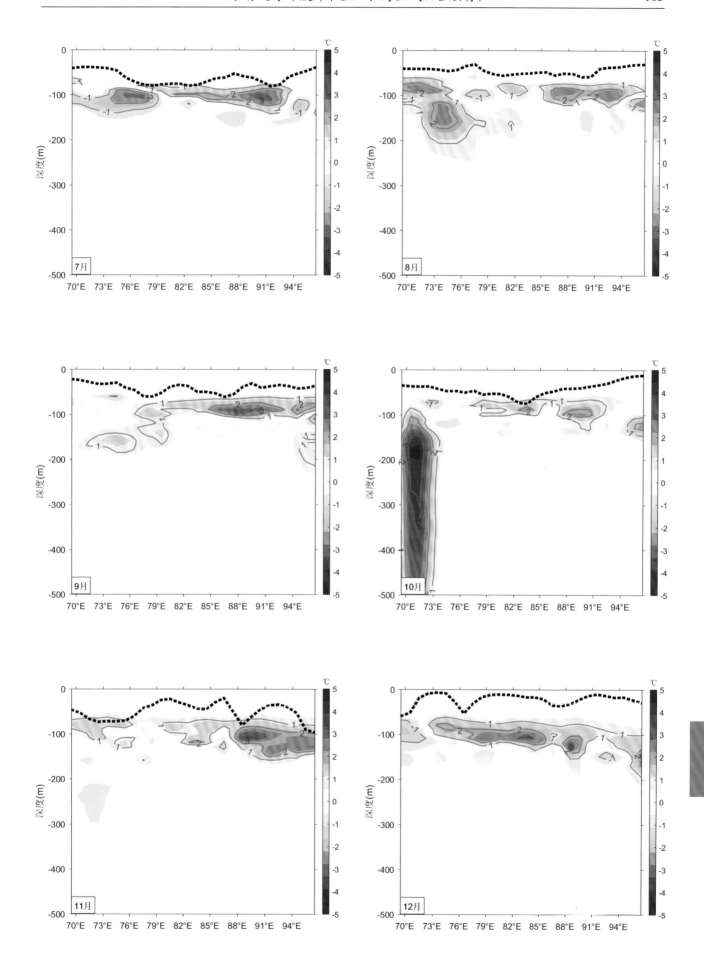

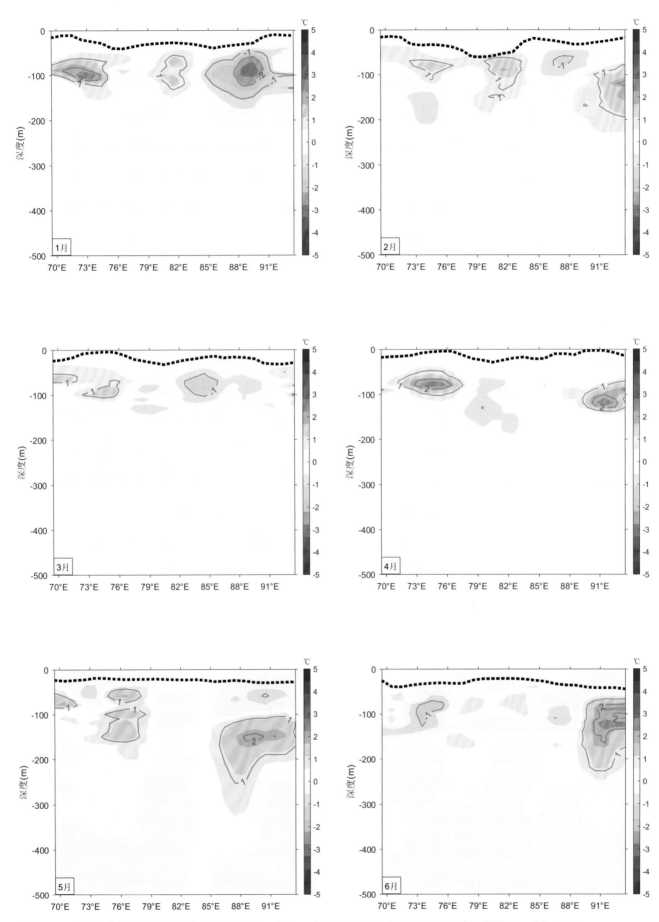

图 71　5.5°N 纬向断面混合层深度（黑色粗虚线，单位：m）和温度距平（颜色填充图和灰色等值线，单位：℃）

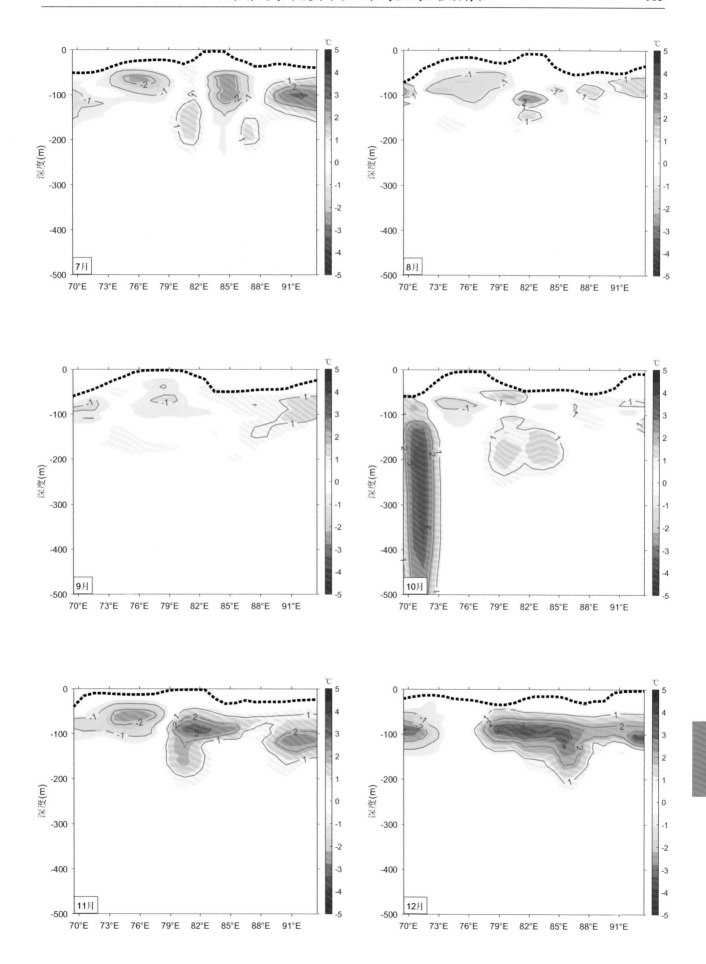

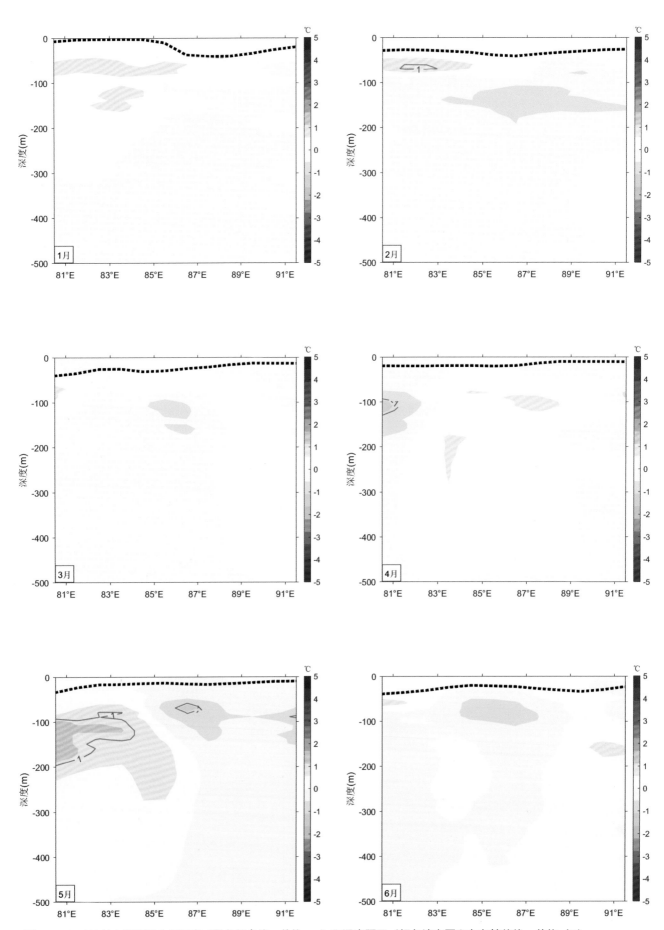

图72　10.5°N 纬向断面混合层深度（黑色粗虚线，单位：m）和温度距平（颜色填充图和灰色等值线，单位：℃）

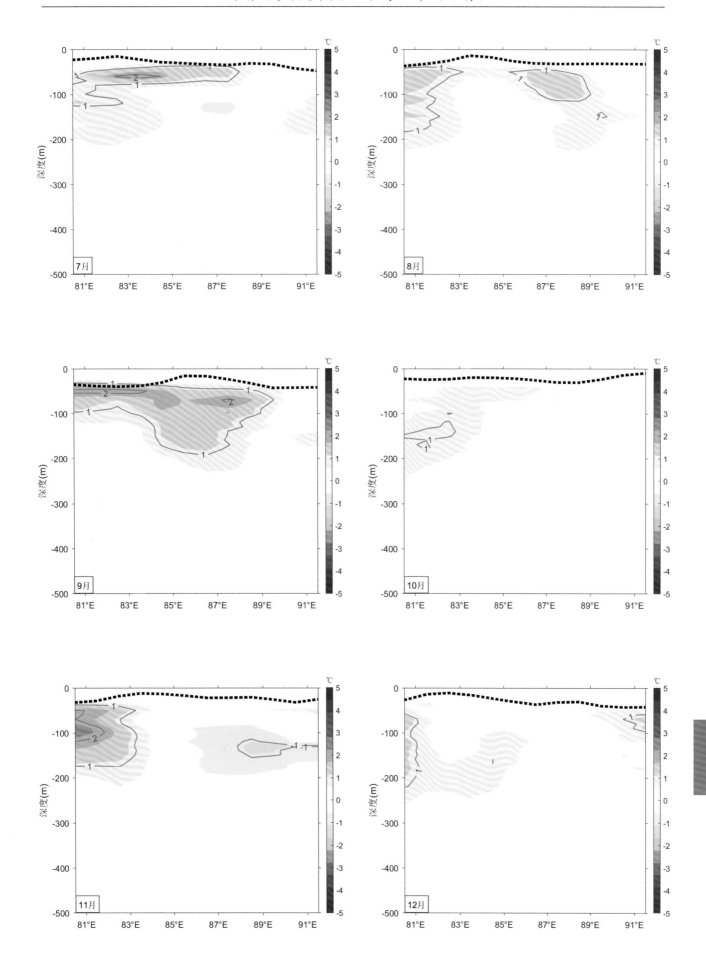

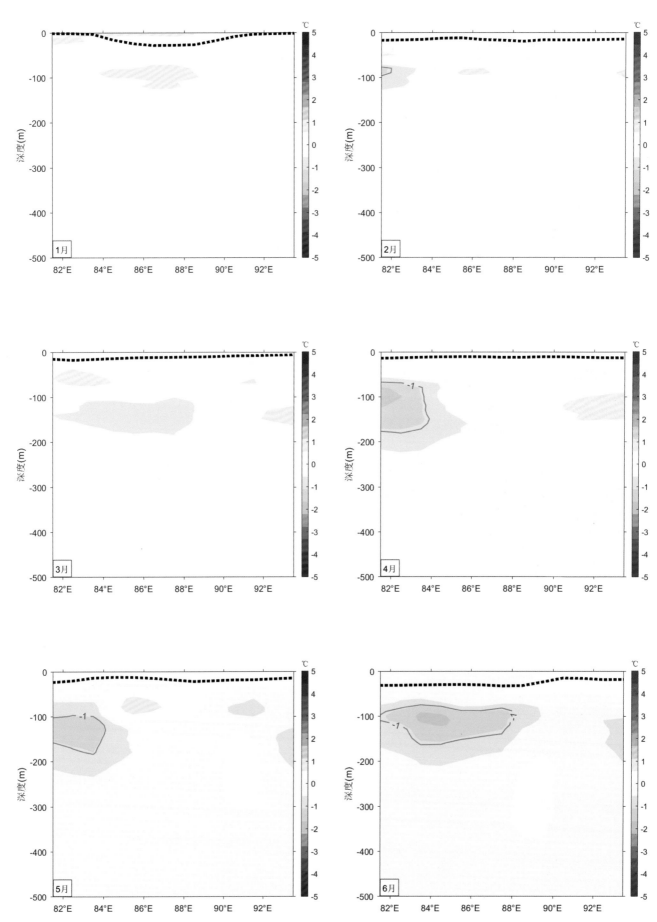

图 73　15.5°N 纬向断面混合层深度（黑色粗虚线，单位：m）和温度距平（颜色填充图和灰色等值线，单位：℃）

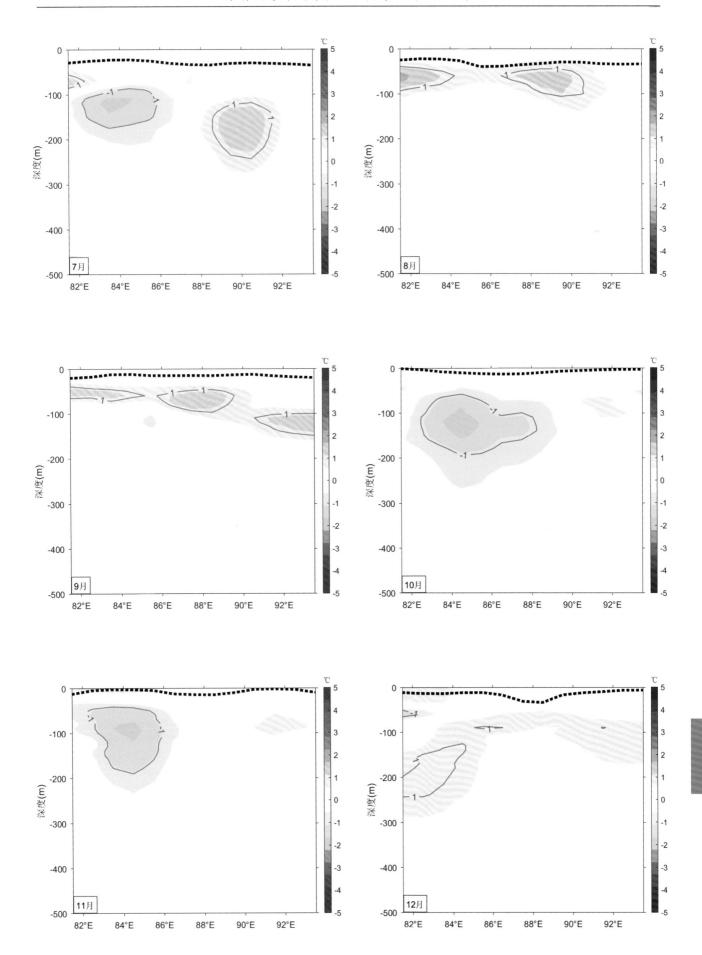

七、赤道东印度洋和孟加拉湾区域位势涡度特征

位势涡度一般在赤道以北为正值，在赤道以南为负值。离赤道越远，行星涡度值越大，因此计算得到的位势涡度绝对值一般也更大。

经向断面特征：各断面位势涡度垂直分布的季节变化不明显。①在 80.5°E 断面，负值中心位于 10°S 附近 50 m 深度左右，一般值约 $-10 \times 10^{-10} \, \mathrm{m^{-1} \cdot s^{-1}}$。在夏季该负值中心会加强，约 $-20 \times 10^{-10} \, \mathrm{m^{-1} \cdot s^{-1}}$。在赤道以北 5°N 附近存在弱正值中心；②在 85.5°E 断面，负值中心位于 10°S 附近，约 50 m 深度，一般值约 $-10 \times 10^{-10} \, \mathrm{m^{-1} \cdot s^{-1}}$。在夏季该负值中心加强，值约 $-20 \times 10^{-10} \, \mathrm{m^{-1} s^{-1}}$。在赤道以北 15°N 附近存在显著正值中心，值约 $20 \times 10^{-10} \, \mathrm{m^{-1} \cdot s^{-1}}$；③在 90.5°E 断面，负值中心位于 10°S 附近，约 50 m 深度，一般值约 $-10 \times 10^{-10} \, \mathrm{m^{-1} \cdot s^{-1}}$。在 7 月该负值中心会加强，值约 $-20 \times 10^{-10} \, \mathrm{m^{-1} \cdot s^{-1}}$。在赤道以北 15°N 附近存在明显正值中心，值约 $20 \times 10^{-10} \, \mathrm{m^{-1} \cdot s^{-1}}$（详情请参见图 74 至图 76）。

纬向断面特征：位势涡度呈东西向带状分布，在赤道以北为正值，离赤道越远，位势涡度绝对值也越大。①在 0.5°N 断面，位势涡度主要位于 100 m 深度左右，绝对值较小，季节变化不明显；②在 5.5°N 断面，从海表到约 150 m 深度范围，正的位势涡度呈东西向带状分布，一般值为 $5 \times 10^{-10} \, \mathrm{m^{-1} \cdot s^{-1}}$。在秋季该正值中心会加强，可达 $15 \times 10^{-10} \, \mathrm{m^{-1} \cdot s^{-1}}$；③在 10.5°N 断面，在 100 m 深度内，正的位势涡度呈东西向带状分布，正值中心显著加强，一般为 $10 \times 10^{-10} \, \mathrm{m^{-1} \cdot s^{-1}}$。在夏、秋季该正值中心会加强，可达 $20 \times 10^{-10} \, \mathrm{m^{-1} \cdot s^{-1}}$；④在 15.5°N 断面，从海表到约 150 m 深度范围，正的位势涡度呈东西向带状分布，正值中心继续加强，一般为 $20 \times 10^{-10} \, \mathrm{m^{-1} \cdot s^{-1}}$。在秋季该正值中心会加强，可达 $30 \times 10^{-10} \, \mathrm{m^{-1} \cdot s^{-1}}$（详情请参见图 77 至图 80）。

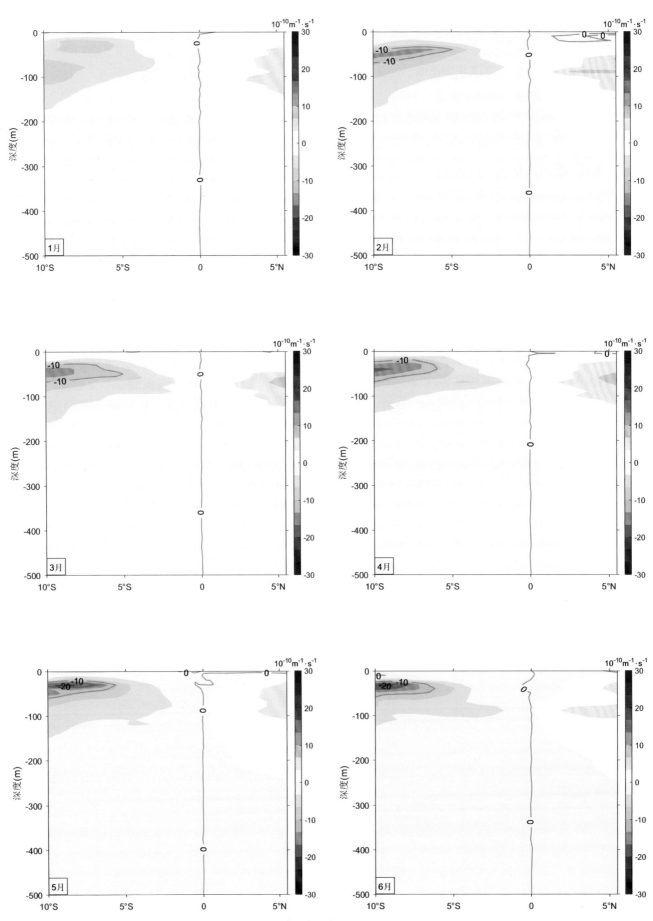

图 74　80.5°E 经向断面位势涡度垂直分布（单位：$10^{-10}\,m^{-1}\cdot s^{-1}$）

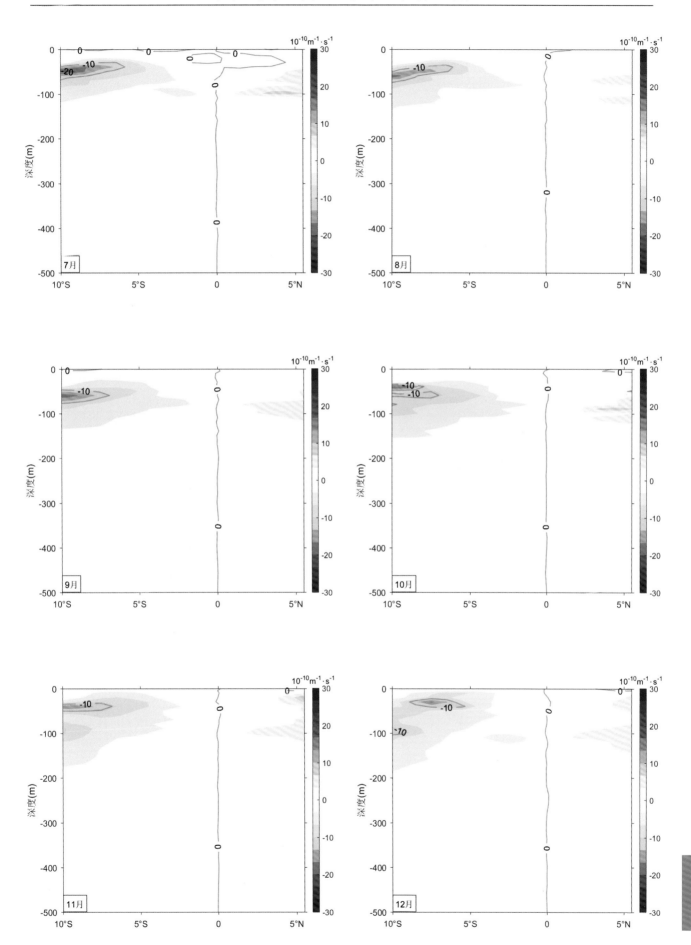

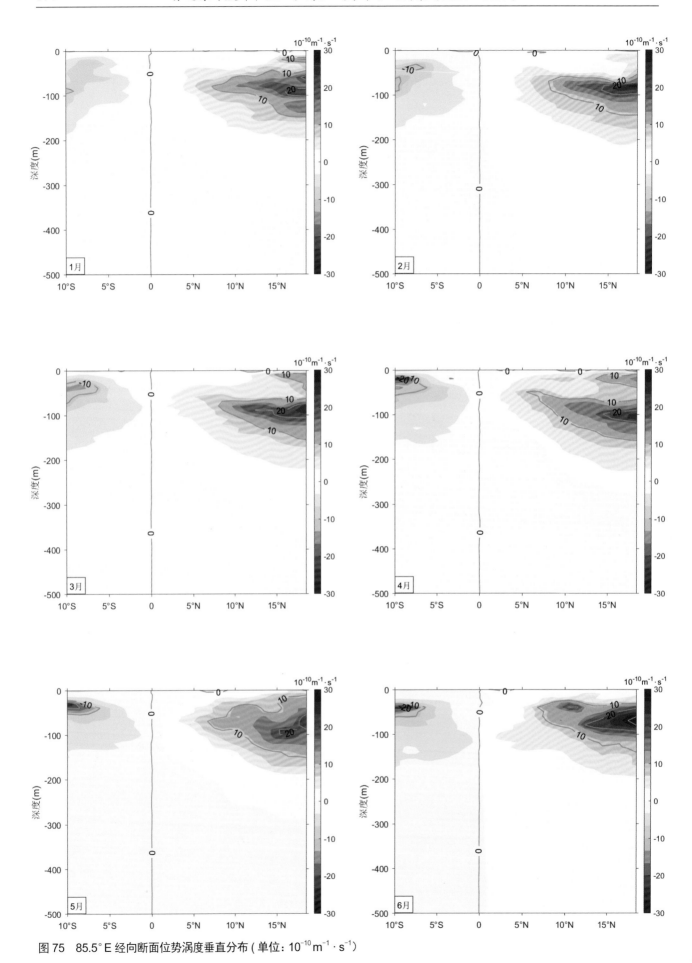

图75　85.5°E 经向断面位势涡度垂直分布（单位：$10^{-10}\,m^{-1}\cdot s^{-1}$）

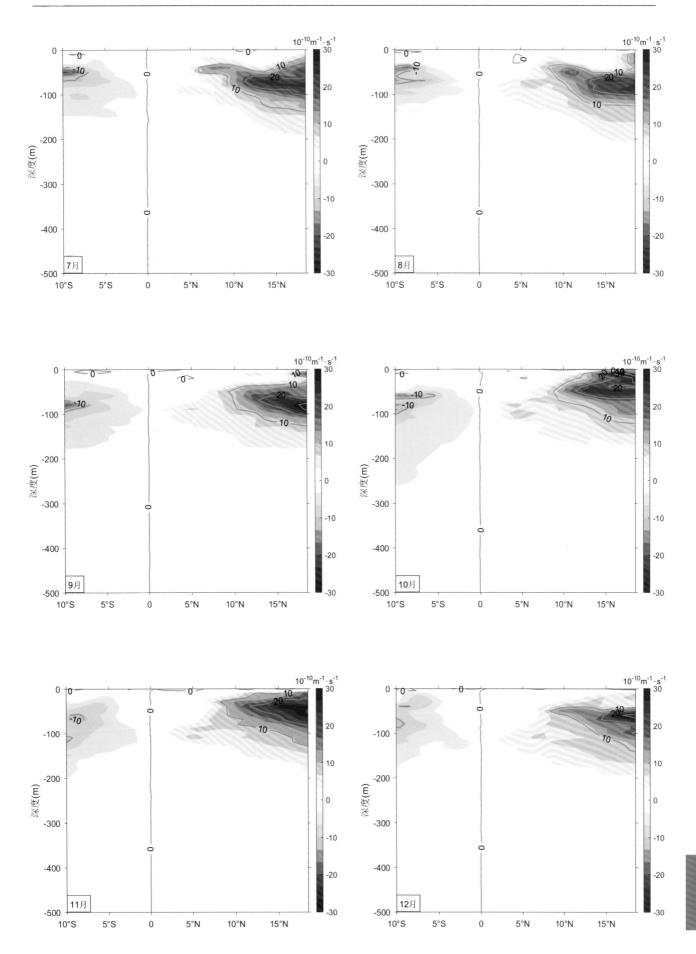

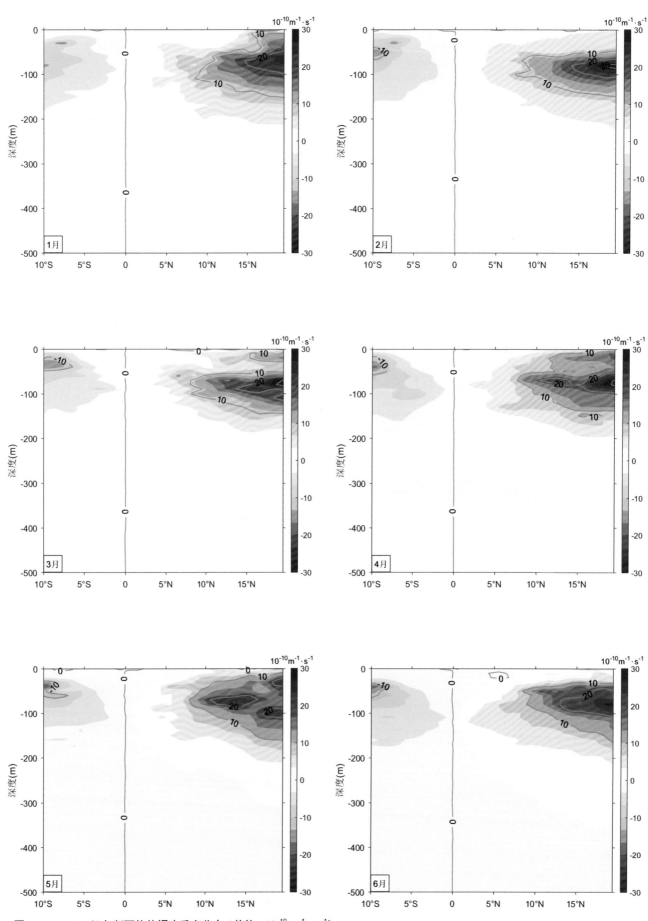

图 76　90.5°E 经向断面位势涡度垂直分布（单位：$10^{-10}\,\mathrm{m^{-1}\cdot s^{-1}}$）

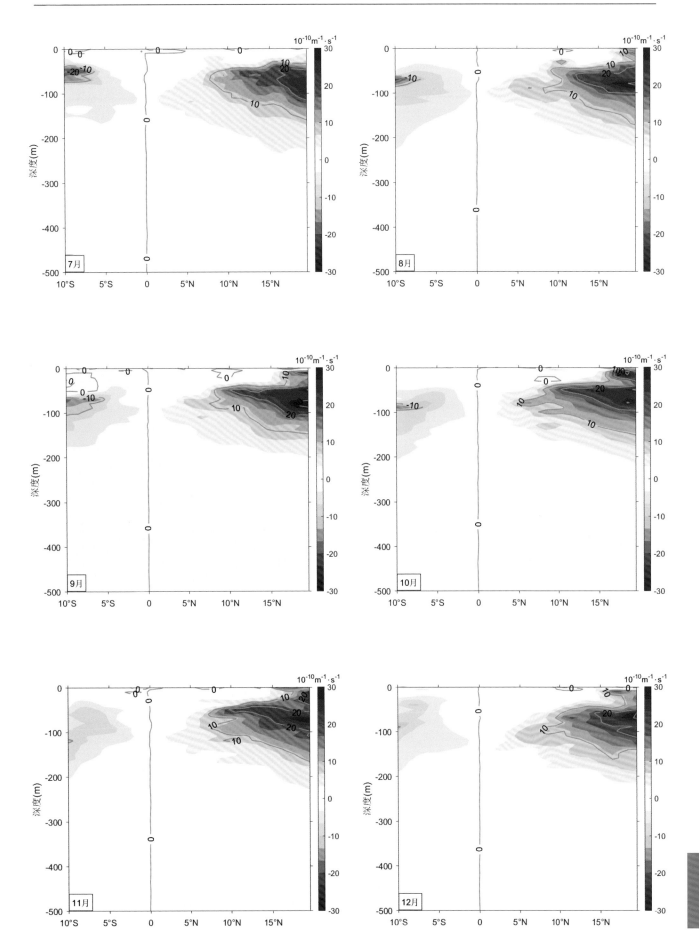

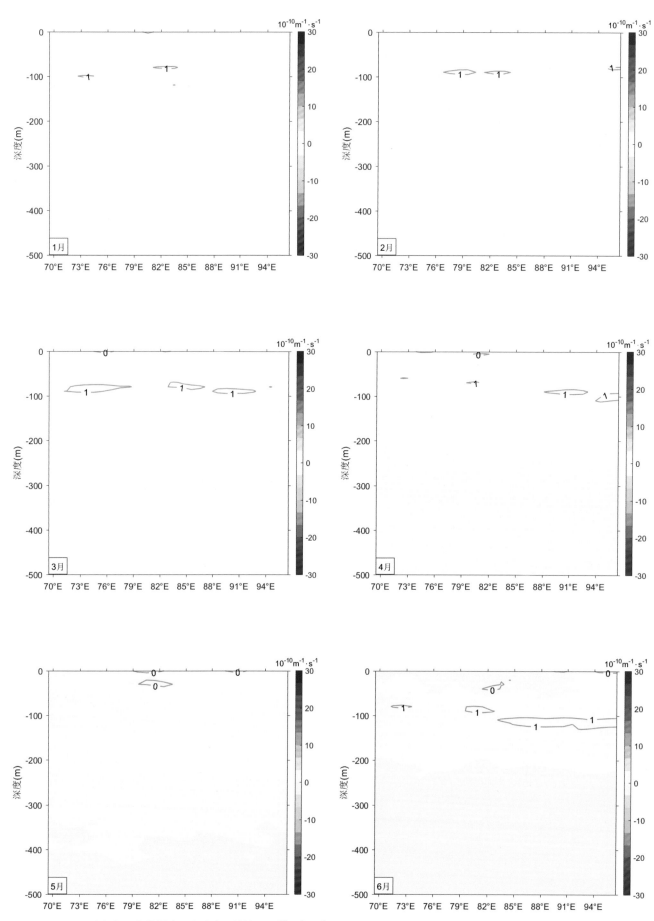

图 77　0.5°N 纬向断面位势涡度垂直分布（单位：$10^{-10}\,\mathrm{m^{-1}\cdot s^{-1}}$）

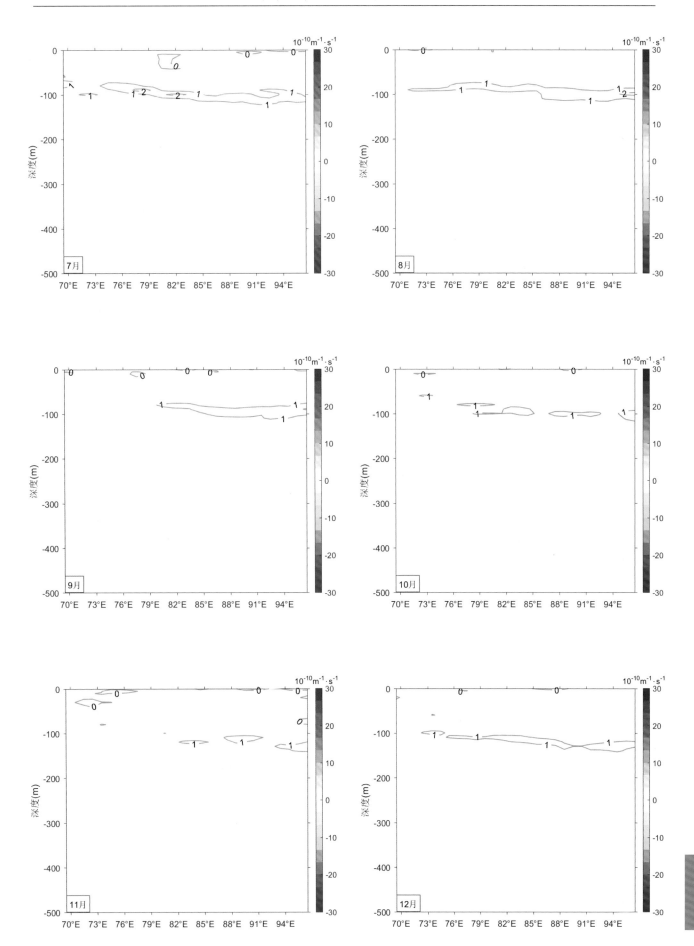

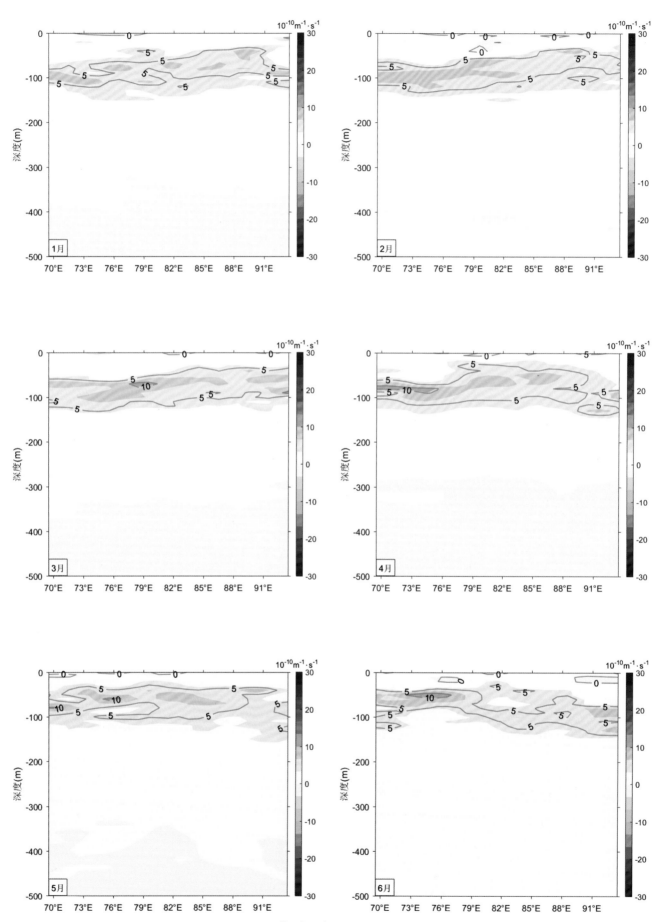

图 78　5.5°N 纬向断面位势涡度垂直分布（单位：$10^{-10}\,m^{-1}\cdot s^{-1}$）

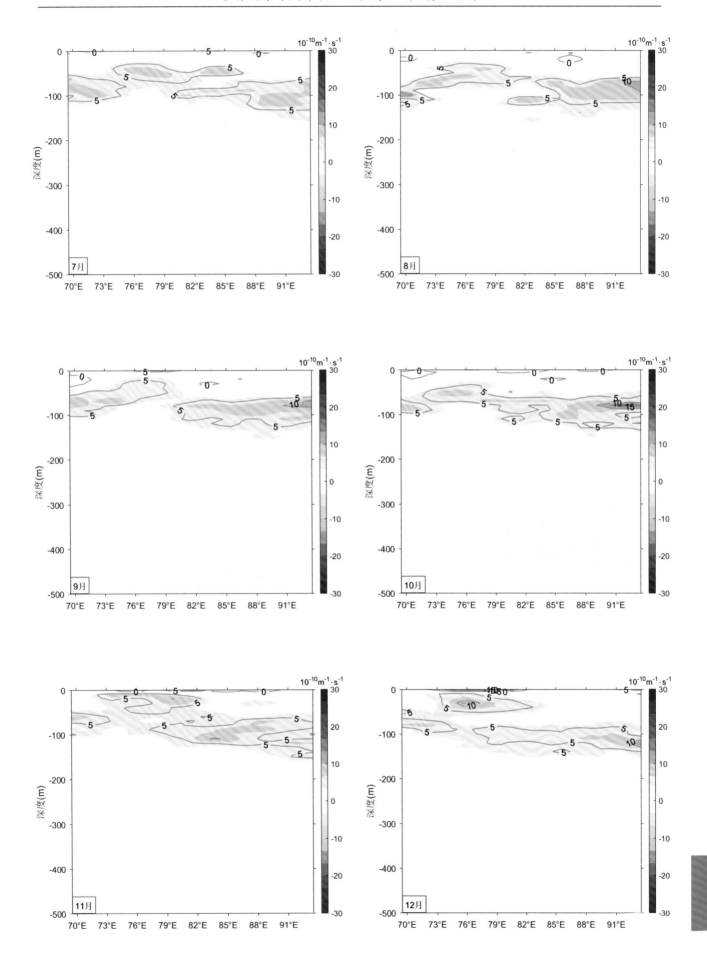

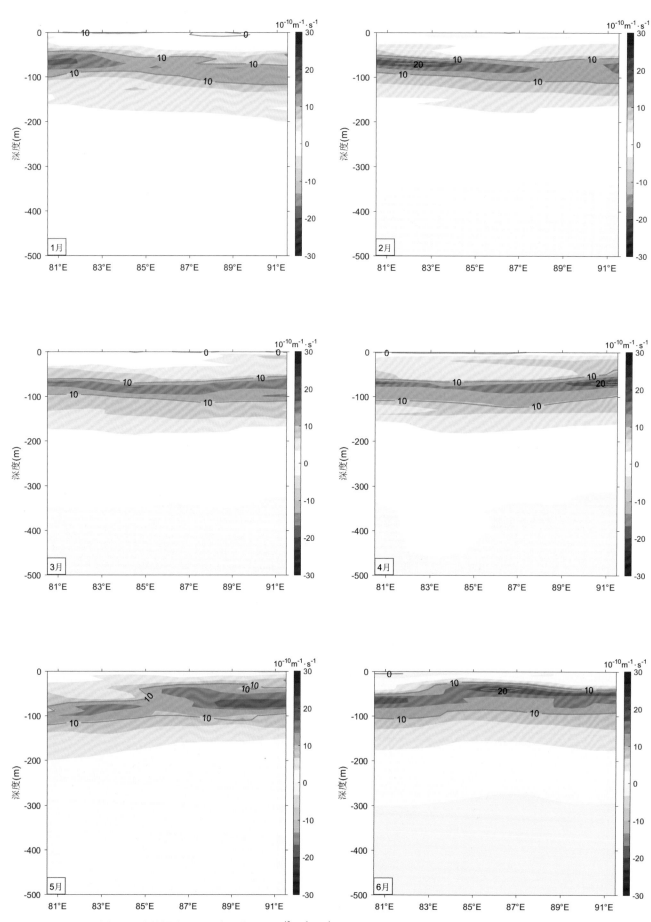

图 79　10.5°N 纬向断面位势涡度垂直分布（单位：$10^{-10}\,\mathrm{m}^{-1}\cdot\mathrm{s}^{-1}$）

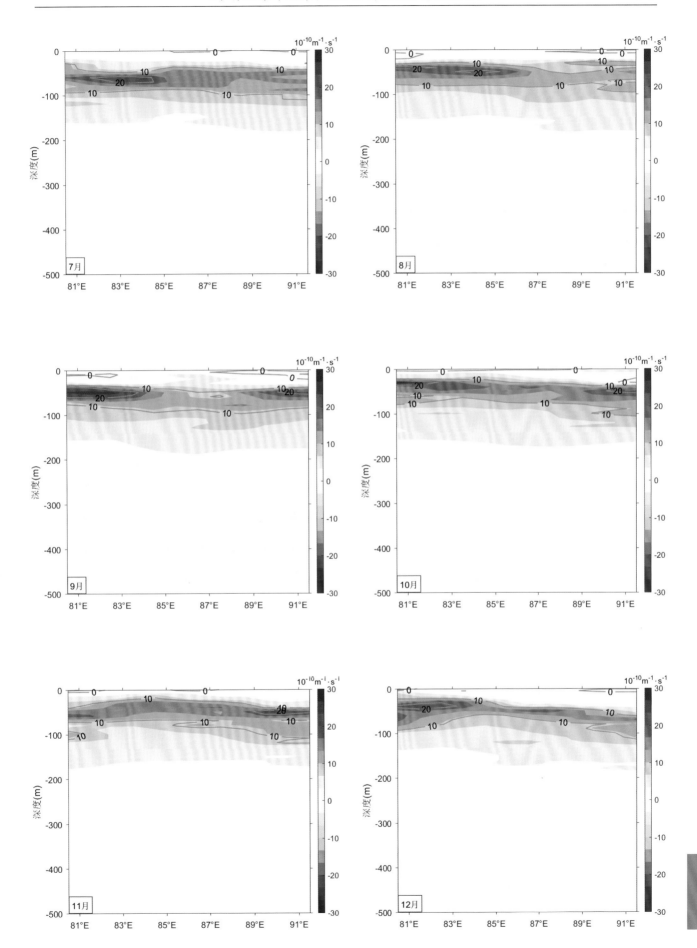

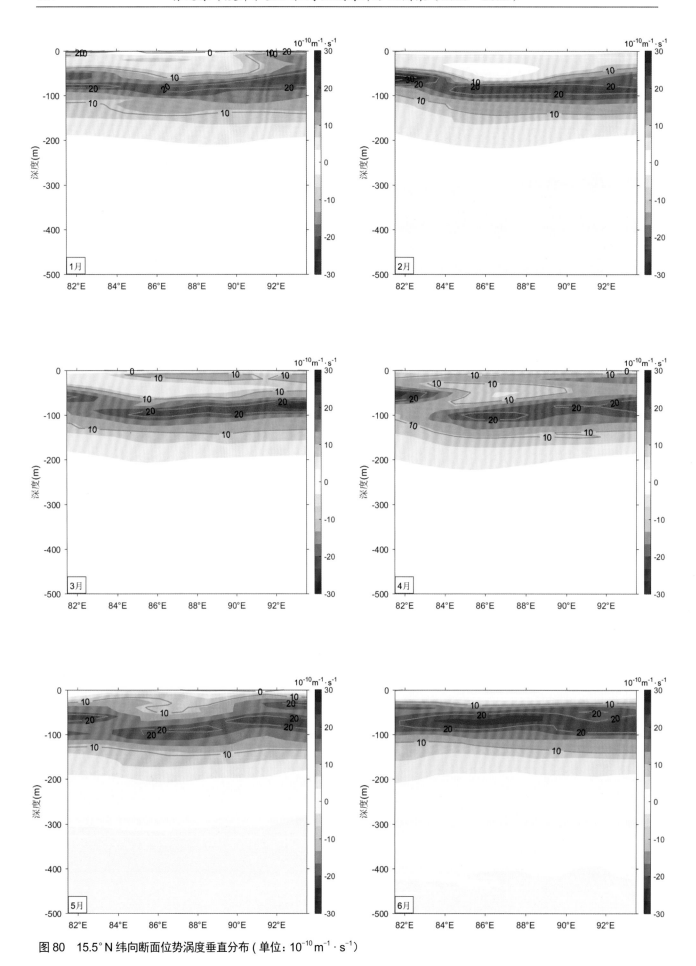

图80　15.5°N 纬向断面位势涡度垂直分布（单位：$10^{-10}\,\mathrm{m^{-1} \cdot s^{-1}}$）

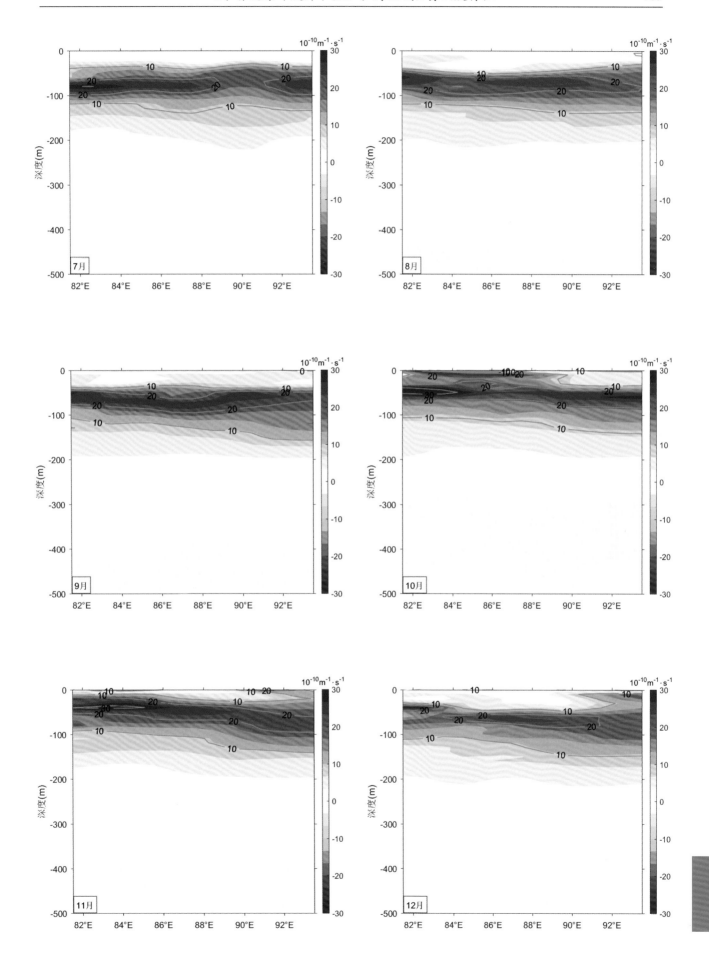